Manager débutant

Réussir en 80 jours

Éditions d'Organisation
1, rue Thénard
75240 Paris Cedex 05
Consultez notre site :
www. editions-organisation.com

Roland LABREGERE

Manager débutant

Réussir en 80 jours

Éditions
d'Organisation

SOMMAIRE

AVANT-PROPOS

Le management est à l'ordre du jour. Le mot appartient désormais au langage courant : toute activité sociale devient l'objet d'un management approprié, adapté aux circonstances.

Aujourd'hui, le management est l'idéologie des sociétés postindustrielles. Il accompagne les évolutions et les changements sociaux, économiques, technologiques qui se succèdent à des rythmes accélérés. Le fonctionnement des organisations publiques ou privées subit les effets de ces mutations. Maints constats témoignent de l'influence irréfutable des courants divers mais parfois contradictoires qui prétendent agir sur le management.

Il est maintenant admis que le management s'apprend. Et pourtant, à entendre les managers s'exprimer rétrospectivement sur les circonstances de leur prise de fonction, la plupart se sont sentis bien seuls pour déjouer les nombreuses embûches de leur nouvelle charge. Selon eux, ils n'y étaient pas suffisamment préparés ; pas sur le plan technique, mais plutôt en raison de l'approximation de leur connaissance des pratiques d'entreprise d'aujourd'hui.

Le manager débutant a de multiples occasions de trébucher dans ses nouvelles responsabilités. Sa réussite va dépendre de la justesse des réponses aux questions qu'il doit se poser. Comment ajuster correctement ma communication? Comment trouver le style d'animation des réunions qui convient à l'entreprise? Comment prendre la suite de mon prédécesseur? Suis-je bien fait pour ce poste? Ma vision du temps concorde-t-elle avec celle des collaborateurs? Faut-il développer des relations à l'environnement sur le mode formel ou sur le mode informel? Faut-il initier un mode de travail axé sur les moyens ou sur les buts? La hiérarchie va-t-elle m'aider ou ignorer mes difficultés de débutant? Comment solliciter mon supérieur pour un conseil?...

Ce livre est né à la suite de rencontres et d'entretiens avec des cadres débutants ou non qui ont en commun d'avoir exprimé leur désarroi, leurs difficultés et leurs échecs au moment de leurs débuts. Il emprunte aux récits, exemples, réflexions et anecdotes présentés par des cadres de tous niveaux à l'occasion d'interventions, de consultations et de formations. Qu'ils reçoivent ce travail comme un hommage et une reconnaissance.

On ne naît pas manager, on le devient. Débuter est un travail, un apprentissage, une souffrance. Cette période trop souvent considérée comme une simple étape de carrière, est perçue comme un événement mineur de la vie professionnelle. Pourtant la réussite dans des fonctions d'encadrement s'appuie sur les premiers jours de ce nouveau poste.

Cet ouvrage n'a d'autres ambitions que d'alerter tout cadre débutant des difficultés de la prise de fonction. Son projet est de faciliter l'entrée dans un métier dans lequel rien n'est jamais acquis, un métier dans lequel on n'est jamais sûr de réussir.

CHAPITRE 1

PRENDRE DE NOUVELLES
FONCTIONS, C'EST RÉALISER
DES DIAGNOSTICS

«En apprenant à apprécier les positions de valeurs de groupes autres que celui dans lequel nous sommes nés, nous élargissons effectivement notre identité».

Thomas McEVILLEY, *L'identité culturelle en crise*

C'est fait... vous avez franchi toutes les étapes du recrutement. Ce saut d'obstacles est achevé. Ils enrichissent votre biographie. Une autre épreuve vous attend, et non des moindres : débuter! L'entreprise pour laquelle vous commencez à nourrir une certaine affection va vous accueillir. Vous êtes rassuré : la firme cherchait «un homme (ou une femme) de conviction, avec une expérience de la fonction, de préférence dans un contexte industriel, qui lui avait permis de démontrer sa capacité à associer les ressources humaines au management de l'entreprise». Bien sûr, vous parlez couramment anglais et maîtrisez les fondamentaux de l'informatique. Vous savez que vous aurez en charge la gestion prévisionnelle des ressources humaines, la formation, le recrutement, les relations avec les partenaires sociaux, la sécurité et les conditions de travail. Vous aurez aussi un rôle de conseil auprès des opérationnels. Vous prenez possession de votre bureau dans un mois. Champagne à toute la compagnie !

MARC, CAROLE, LES AUTRES... ET VOUS

Marc, qui souhaite relancer sa carrière après un long séjour en Afrique pour le compte d'une organisation non gouvernementale sera le collaborateur du directeur général d'un important organisme du secteur médico-social; assisté d'une équipe restreinte de quatre personnes, il devra assurer la gestion administrative et sociale du personnel; il aura aussi un rôle de conseil et d'assistance pour les équipes de direction. Marc a été retenu pour être un acteur clé de la politique de ressources humaines. Sa disponibilité immédiate a joué en sa faveur.

La candidature de Carole, ingénieur, à un poste de sous-directrice d'administration centrale d'un ministère technique est en bonne voie. Après plusieurs entretiens, il lui est clairement signifié sa prochaine prise de fonction. Mais, assez vite, en raison d'une restructuration d'importance des missions de la sous-direction, on lui annonce que sa prise de fonction est différée de deux à trois mois. Consciente de la complexité sociale et professionnelle de son nouvel univers de travail, Carole convainc son directeur de lui confier quelques dossiers qu'elle étudiera chez elle.

Comme Carole et Marc, vous êtes légitimement fier et stimulé car vous savez que le processus qui a abouti à votre recrutement a procédé de l'investissement raisonné. Ni mercenaire, ni débonnaire, le «néo» que vous êtes, a posé ses conditions à l'adhésion aux pratiques de la future entreprise. Vous avez recherché par là à entamer avec elle une relation équilibrée et enrichissante.

De ce fait vous êtes chacun engagé dans une transaction : à la nouvelle entreprise de réussir le recrutement, l'accueil et l'intégration, ces trois temps forts de la vie professionnelle qui constituent un système où chaque élément est d'égale importance; à vous de savoir vous faire admettre par elle.

Irréalistes et caricaturales votre situation, celles de Marc et de Carole? Pas tout à fait, parfois la fiction rattrape si bien la réalité... au point qu'elles se confondent.

Ce qui vous dissocie de Marc ou Carole? Votre entrée en fonction. La prise de fonction est un parcours unique à construire individuellement pas à pas avec l'entreprise. Assurément, vous n'aurez ni les mêmes priorités ni les mêmes démarches que Marc ou Carole.

Ce qui vous unit à Marc ou Carole? La prise de fonction sur des points d'ancrage peu stabilisés; et surtout la nécessité de vous donner les moyens d'une action fondée sur le sens. Comment vous imposer? Comment déjouer les chausse-trapes? Comment faire votre place? Comment ne pas réussir à échouer[1]?

DU BONHEUR D'ÊTRE ATTENDU...

Etre attendu! Attendu parce que le travail ne fait pas défaut. On a besoin de vous. On est en attente de vos savoir-faire! Attendu, aussi, parce que, le prédécesseur a laissé le service ou l'unité en ruine ou parce que le très charismatique collègue a fait savoir à l'envi qu'il serait difficile de faire mieux que lui. C'est la pratique de la planche savonnée. La prise de fonction, c'est comme la médecine d'urgence : il faut apprendre les gestes qui sauvent. Et les pratiquer préalablement à toute tentative de diagnostic.

Dans cette phase délicate, les stratégies découlent des caractéristiques du contexte : l'état de grâce, le droit à l'hésitation, le risque de faire de mauvais choix échappent au raisonnement et au regard du néophyte. Une seule certitude : avoir été choisi, retenu, sélectionné donne en retour le sentiment de sa valeur et procure indéniablement une réactivation de l'estime de soi. Dans ce moment de fragilité, l'erreur grossière, la décision à contretemps, l'incompréhension de la spécificité culturelle, des idées préconçues, des actes de management mal compris, sont les embûches les plus courantes.

La prudence est de rigueur! Pas la pusillanimité. Les psychologues du travail remarquent que, souvent, à l'euphorie du recrutement succèdent le stress, l'angoisse ou la dépression. Prendre de nouvelles fonctions suppose également de gérer ce risque.

---

1. Voir sur le thème de l'échec programmé, Paul Watzlawick, *Faites vous-même votre propre malheur*, Le Seuil, Paris, 1984; *Comment réussir à échouer*, Le Seuil, Paris, 1988.

Des entreprises en quête de personnages

Carole est retenue alors que les services de l'administration sont engagés dans des perspectives d'évolution et de changement. L'objectif est d'être plus proche des citoyens, davantage à l'écoute de leurs besoins et attentes. Les services de l'Etat reposent sur les valeurs anciennes et fondatrices d'équité, de neutralité, et de transparence qu'elle va devoir s'approprier dès sa prise de fonction. Et dans le même temps le processus engagé de modernisation et de rénovation du service public construit une identité nouvelle à l'administration. Toutes les entreprises sont confrontées, c'est désormais un lieu commun, aux nouveaux défis de la globalisation, de l'intensification de la concurrence, des mutations technologiques, de l'émergence de la nouvelle économie...

■ Prendre conscience de la force de la ressource humaine

Tout responsable débutant, Carole, Marc ou vous, doit prendre conscience qu'il agit dans un nouveau contexte où la ressource déterminante pour l'action devient le capital humain. Son management doit être à l'écoute et adopter des postures et des raisonnements proactifs afin de mettre en place une stratégie des ressources humaines adaptée aux objectifs de développement de l'entreprise.

■ Manager implique la personne et l'organisation

Quel que soit le type d'entreprise dans lequel vous allez exercer, privé, ou public comme Carole, votre action sera l'objet et le sujet d'interactions et d'influences multiples. Même l'atelier clos, l'entreprise fermée ou le service administratif sans accueil du public reçoivent et produisent des informations. La performance de ces derniers dépend de la manière avec laquelle les dirigeants identifient les implications sociales de leurs décisions. Renaud Sainsaulieu rappelle ainsi que *«ce qui se vit dans l'entreprise est trop chargé de conséquences économiques, sociales et culturelles pour n'y voir qu'un appareil de production dans un coin. Elle est un morceau de société[1] »*.

L'entreprise est reconnue aussi comme un espace de développement individuel et de réalisation de soi : sa réussite économique est insépa-

---

1. Renaud Sainsaulieu, Entretien, *Entreprise et carrières*, n° 192, 16 janvier 1992.

rable de son mode d'organisation et de sa compréhension des phénomènes sociaux qui la traversent.

Observer pour comprendre

Inutile d'investir de l'énergie dans une recherche livresque : ni les ouvrages de management pourtant nombreux, ni les traités de gestion n'avancent une recette infaillible pour réussir la prise de fonction. Pas la peine non plus de fouiller Internet pour dénicher le site de la plus renommée *business school* d'outre-Atlantique : vous ne trouverez rien sur **votre** situation de prise de fonction dans **votre** nouvelle entreprise. Il va falloir se résigner à inventer **votre** méthode ! «*Les vieilles pierres parlent à ceux qui savent les entendre*», rappelait Anatole France. De même pour la prise de fonction : observer, écouter, décoder, apprécier, examiner, étudier... mobiliser les outils de l'action s'impose comme une absolue nécessité.

Si chercher l'ultra solution s'apparente à la quête d'une pierre philosophale à usage des organisations, les démarches et les méthodes du management ne peuvent être ignorées par le cadre novice. Partir du principe que le terrain, la communauté de travail, le système social de l'entreprise et l'environnement parlent, se livrent pour peu qu'ils soient invités à s'exprimer et que l'on sache les entendre. Eviter les fautes difficilement réparables, les erreurs qui font mal, les gaffes qui coûtent cher.

PRISE DE FONCTION, PRISE DE CONTEXTE

Et vous, alors? Avec une prise de fonction réelle dans un mois, pas question d'observer et de construire des modèles et des hypothèses avec du matériau actif. La démarche est plus lente, plus centrée sur un appui documentaire.

Qu'avez-vous à faire?

- En priorité, complétez votre information sur l'entreprise, apprenez son histoire, connaissez les chiffres de la production, faites le point de l'information disponible. Il importe dans cette période de réfléchir à votre identité nouvelle : le management d'une équipe ne requiert pas la même technicité qu'un poste fonctionnel.

- Surtout ne ménagez pas vos efforts pour recueillir de l'information sur l'entreprise, ses partenaires, ses réseaux. Toutes les sources sont valides : la presse locale, Internet, les organismes consulaires, les documents internes... C'est en effet à une activité de veille qu'il est prudent de vous consacrer : connaître et comprendre les données chiffrées disponibles dans les différentes sources, élaborer un scénario d'action pour les trois premiers mois dans l'entreprise.
- Cherchez, épuisez et comprenez les traces repérables : comptes rendus, agendas, courriers, tableaux d'affichage, anciens organigrammes mais aussi les traces plus immatérielles comme les restes d'anciens conflits, les mutations et les mouvements externes, les silences qui suivent vos demandes d'explication, les lapsus restés dans les mémoires...[1]
- Puis, vos investigations progressant, il peut être judicieux de savoir à qui vous succédez. Pourquoi un recrutement maintenant? Qu'est-ce qui risque de changer dans les prochains mois? Qui sont vos prochains collaborateurs? Pour les identifier et mieux les connaître une prise de contact téléphonique ou sur place peut s'avérer fructueuse.

C'est aussi un temps de maturation et de réflexion assez long pour élaborer les hypothèses que vous pourrez vérifier dès que vous aurez les deux pieds dans l'entreprise. Mettez à profit ce mois de latence pour en faire le temps des questions et des investigations.

---

1. Sur ce point, l'album de Bernard Parizet, illustré par Gabs, *Lapsus révélateurs de la vie de bureau... de bureau,* Editions Eyrolles, (1997) apporte, sous couvert d'humour, un sérieux éclairage à cet accident de langage. Le lapsus dévoile ce qui ne devrait pas être exprimé : désir, pulsion, sentiment, jugement, évaluation. Plus que des interprétations, il propose des pistes de sens à référer à la situation et au contexte spécifiques de son émission. Il montre que la partie visible de la situation de communication n'est qu'une mascarade : le sens est hors des apparences.

> **Attention !**
>
> Le temps ainsi offert pour la réflexion et la préparation de l'action est peut être un temps d'impatience pour l'entreprise et spécialement pour les futurs collaborateurs !

Marc : transformer les atouts en ressources

Marc, quant à lui, est directement dans le bain. Avantage incontestable, il peut jouer sur deux registres : s'informer sans risque, car il lui sera permis toutes les questions plus ou moins naïves et recourir (discrètement) à des outils fondamentaux empruntés aux méthodes des sciences sociales.

- D'abord, Marc peut «surfer» sur sa situation de nouvel embauché : poser toutes les questions qui le taraudent, se risquer à des suppositions et des explications, les livrer et les faire discuter par ses pairs et collaborateurs. Etre naïf, simplement, sans ostentation ni arrière-pensées si vite repérées !
- Ensuite, Marc doit s'approprier le langage et les codes de conduite en vigueur dans l'institution en évitant les préjugés, le recours aux habitudes de pensée et aux représentations hâtives.

Adopter l'usage du carnet de notes

Différence majeure avec l'ethnologue de terrain : Marc ne vise pas le statut d'étranger mais au contraire il a un projet d'insertion dans la communauté de travail. Le calepin, outil fétiche de l'ethnologue, pour des notes spontanées et immédiates, peut être d'un précieux secours.

Que faire de ce carnet? Travailler comme Tintin reporter ! Noter les idées fulgurantes, consigner tout élément estimé utile pour l'avenir, traduire en schémas, graphes situations et événements, comprendre l'esprit maison, appréhender la réalité du pouvoir formel et surprendre les contre-pouvoirs, ébaucher de futurs tableaux de bord, les échanges oraux, les informations hétérogènes qui, mises bout à bout, peuvent clarifier des données d'apparence sans grand intérêt.

7

> **Le plus**
>
> Le carnet de notes aide à élucider le sens caché. Jamais lisible immédiatement, il nécessite toujours un décodage, une interprétation du réel.

■ Appréhender la réalité de son nouveau poste

Marc peut solliciter son expérience dans une organisation non gouvernementale : l'action est toujours reliée à la question du sens. Que peut-il transférer de son expérience pour mieux appréhender la réalité de son nouveau poste?

Dans cette période d'initiation et de découverte, Marc comme l'ethnologue partage la quotidienneté des acteurs de l'organisation, initie des relations interpersonnelles, découvre les pratiques des sujets placés dans les conditions spécifiques de l'univers culturel de son entreprise. Mais Marc ne doit pas oublier que l'ethnologue, qu'il se consacre à l'exotique ou qu'il regarde les cités des grandes villes, cherche à prendre de la distance avec son sujet pour mieux le comprendre et l'analyser dans tous ses particularismes[1].

Si le projet de Marc est bien de comprendre vite et au mieux les us et coutumes de sa nouvelle tribu, il doit, néanmoins, y prendre place comme acteur et comme créateur.

Un nouveau statut pour Carole

Et Carole? Son nouveau poste lui offre une réelle promotion : d'une situation d'expertise technique, elle accède à des responsabilités de manager. Mais prend-elle conscience que seule sa réussite la consacrera comme responsable d'une sous-direction d'administration? Pour elle, la prise de fonction inaugure de nouveaux apprentissages à réaliser en temps réel et sans trop de recul : construction d'une nouvelle

---

1. Voir sur cette question, *L'état des sciences sociales en France*, Chapitre anthropologie ethnologie, Editions de La Découverte, Paris, 1998.

image, compréhension de nouveaux rôles sociaux, initiatives en matière de communication, prise de décision...

Le temps que lui accorde son ministère pour réorganiser les services paraît le bienvenu.

Que faire de ce temps ?

- D'abord, se forcer à être moins «ingénieur» et plus responsable : s'habituer à son nouveau rôle, s'entraîner à réfléchir en adoptant le point de vue attaché à la nouvelle fonction, s'emparer d'une question et en faire un cheval de bataille en l'explorant de plusieurs manières.
- Puis, se préparer à une prise de fonction effective, physique : quel scénario mettre en route pour le premier jour ?
- Enfin, s'approprier les lignes directrices de la stratégie du ministère, les projets en cours et les enjeux du moment : lire la littérature interne mais aussi aller à la recherche d'informations plus générales à partir de revues de presse, du *press-book* de l'institution, de rapports parlementaires....

Son défi ? Oublier que sa formation initiale d'ingénieur l'a déterminée à résoudre des problèmes de nature technologique, concrets liés à la conception, à la réalisation et à la mise en œuvre de produits ou de services. Mettre à l'écart sa culture scientifique et technique pour se consacrer à des questions administratives et organisationnelles.

Et vous ?

Vous avez, comme Marc et Carole, mais dans des contextes singuliers, à gérer ce qui est communément appelé **l'état de grâce**. Etre attentif à ne pas le transformer en **état de choc** pour les collaborateurs et à ne pas gaspiller sans discernement ce capital d'indulgence et d'opinions *a priori* favorables.

CHAPITRE 2

TROIS MOIS POUR RÉUSSIR

En 1981, François Mitterrand, élu président de la République parle des cent jours nécessaires pour donner à la gauche la crédibilité indispensable pour gouverner le pays. Le nouveau président se dit, dans cette période, «en état de grâce». Désormais, c'est le temps qui est usuellement accordé à celui qui doit relever un défi ou à celui qui se retrouve dans une situation imprévue.

En 1995, le nouveau maire de Paris, Bertrand Delanoë bénéficie d'un tel délai avant que ses adversaires ne puissent le combattre[1] : c'est le temps qu'il se donne pour mettre en pratique ses engagements et ses promesses de la campagne électorale en prenant des initiatives d'abord, de *«l'ordre du symbole»* puis en cherchant à *«accélérer le rythme»*.

Cette temporalité, trois mois environ, c'est le temps qui vous est donné pour comprendre votre nouvelle entreprise. C'est aussi un temps d'épreuve. Un temps pour des preuves. Un temps pour s'installer dans la fonction. Un temps pour comprendre que décidément il faut du temps pour embrasser toute la complexité de la nouvelle entreprise.

---

1. *Le Monde*, 7 juillet 2001, «Les cent jours du maire de Paris».

Marc attaque

Pour Marc, l'action est immédiate, mais il doit, comme vous ou Carole, s'approprier le nouveau rôle qui est le sien. Finies les habitudes prises dans les missions internationales et humanitaires, Marc doit montrer qu'il maîtrise sa nouvelle partition.

Sans être matamore ou grandiloquent, il s'agit d'afficher une légitime fierté. Forcément, du talent ou de l'espérance de potentiel ont été détectés par les recruteurs.

COMMENT NE PAS LACHER PRISE ?

- Ne pas mettre, surtout au début, trop d'écart avec les habitudes de l'entreprise ;
- Se glisser dans les normes tout en étant un observateur vigilant de la vie quotidienne de l'entreprise ;
- Montrer son adhésion aux valeurs de l'entreprise. Tenir le rôle pour lequel vous avez été recruté : être convaincu de posséder des qualités exceptionnelles ! Un candidat sans atout n'aurait franchi aucun des barrages auxquels vous avez été confrontés.

Ils témoignent...
Régine, secrétaire générale d'une école d'ingénieurs

«...ça fait maintenant un peu plus d'un an que je suis dans le poste... mon avantage est que c'est une création. En arrivant, j'ai pris rendez-vous avec les responsables d'unité et j'ai voulu aussi rencontrer les cadres de proximité... de toute façon, si vous n'allez pas voir les gens quand vous arrivez, ils ne viendront pas vers vous ! Ils ne vont pas oser ! Je voulais aussi éviter la relation à deux ; ça, c'est ce que j'ai appris dans mon précédent poste... aller au-devant des gens, ça permet de comprendre la réalité des choses. En fait, c'est le premier chantier que j'ai dirigé lié à la comptabilité qui m'a permis de bien comprendre les manques et ça a été très vite ensuite ; les gens étaient motivés, consciencieux, attachés à la qualité mais ne savaient pas où ils en étaient car il n'y avait pas de comptabilité des dépenses engagées ; j'ai mis en place des éléments pour rapprocher les ensei-

gnants des services financiers, les mettre en confiance alors qu'ils étaient en conflit pour cause d'incompréhension mutuelle!

Sur un autre point, je me suis très vite rendu compte d'un dysfonctionnement concernant la réunion des chefs de service ... tout était spontané... il m'a fallu plus de deux mois pour faire en sorte que nous, responsables administratifs de l'école, parlions véritablement d'une seule voix. Mais surtout, j'ai découvert qu'il y avait des zones d'ombre, que tout était rendu fragile par l'évolution en cours, que cela produisait beaucoup d'agitation et, qu'en somme, il fallait que je sois à la fois dans la réflexion et dans l'action, en même temps!»

S'INSTALLER DANS UN NOUVEAU RÔLE

En intégrant une entreprise, un service ou une administration chacun s'interroge sur le rôle qui va lui être attribué et sur celui qu'il devra jouer. Le hiérarchique peut d'ailleurs au cours de l'entretien de recrutement préciser les contours du rôle à tenir. Parfois, le rôle figure parmi les éléments de la définition du poste : «*...placé auprès du directeur, votre rôle sera de...*». Comment appréhender cette notion de rôle inhérent à tout groupe?

▓ Le rôle est la position attribuée dans l'entreprise

La psychologie sociale présente le rôle comme la déclinaison dynamique du statut, c'est-à-dire la position attribuée dans l'entreprise. En quelque sorte, le statut déterminerait les conduites. Pour tout groupe social le statut est structurant : que ce soit à l'atelier, au bureau, en famille, tout groupe indique des marques de hiérarchie. A chaque statut correspondent des rôles qui eux-mêmes renvoient à des normes sur lesquelles prennent appui des valeurs.

▓ S'approprier son nouveau rôle

Marc peut articuler ses différents rôles en intériorisant les valeurs générales de la société, celles de son entreprise et aussi celles de ses différents groupes d'appartenance.

Pour avoir accès rapidement aux normes et valeurs de votre nouvelle entreprise lors de votre prise de fonction, mettez en œuvre six modes d'action.

ACCEDEZ AUX NORMES ET VALEURS
DE VOTRE NOUVELLE ENTREPRISE

- **DECODEZ** les principales règles de fonctionnement de l'entreprise, de l'établissement, de l'unité (principaux critères à mobiliser : facilité d'application, utilité, acceptation, adaptation...) ;
- **EVALUEZ** rapidement le système de communication en place dans l'entreprise (pertinence de l'utilisation des différents outils de communication : entretiens individuels, réunions, contacts informels...) ;
- **REPEREZ** la place et la fonction des écrits professionnels dans l'entreprise (rapports d'activité, comptes rendus, courriers, écrits fonctionnels...) ;
- **OBSERVEZ** les temps d'échange entre chaque cadre et son hiérarchique direct (fréquence, durée, facilité...) ;
- **PRENEZ** en compte les conditions du management de l'organisation (évaluer le degré d'autonomie, la motivation de chaque collaborateur...) ;
- **APPREHENDEZ** le niveau de bien-être ou de souffrance dans l'entreprise (personnels expansifs ou peu loquaces, signes de convivialité, humour...).

Comme au théâtre, le rôle social n'existe et ne prend sens que par rapport aux autres. *Jouer son rôle* dans une collectivité, c'est admettre l'existence de règles et s'y conformer afin de participer au jeu social et aux échanges, tout en donnant un tour personnel à ce jeu. Dans le travail, comme avec toute partition, l'interprète participe à la création.

Rôle social : respecter les trois dimensions

Intégrer une nouvelle entreprise (ou tout groupe constitué) nécessite donc un minimum d'adhésion aux normes en vigueur. Savoir les appréhender et s'en servir à bon escient inscrit le néophyte dans les pratiques usuelles de communication.

▮ Distinguer les trois dimensions du rôle social

Classiquement, trois grandes dimensions attribuées au rôle social peuvent être distinguées. Elles se complètent et ne sont pas exclusives.

- LA PREMIERE DIMENSION, DITE DE PRESCRIPTION, désigne les normes et attitudes auxquelles se réfèrent les individus pour assumer des fonctions en lien avec une position sociale. Elle annonce des comportements attendus. Ces prescriptions ne tolèrent que peu d'écart : ne pas les respecter peut conduire les partenaires à des comportements négatifs comme l'hostilité, le rejet, la pression, la marginalisation.

> *Marc endosse son nouveau rôle*
>
> Marc est désormais membre de l'équipe de direction : il doit ajuster son attitude générale (langage, comportement, communication, management) à ce nouveau rôle. L'acceptation par le groupe suppose le respect de normes, conventions, habitudes. Seul espace (mince) concédé à Marc : une possibilité d'adapter cette prescription aux circonstances et au contexte, tout en respectant l'architecture générale et les us et coutumes de l'entreprise.

Attention ! piège

Combien de responsables débutants ont échoué en voulant immédiatement imposer des réformes estimées urgentes. *«Aimons la vitesse, qui est le merveilleux moderne, mais vérifions toujours nos freins»* note malicieusement Paul Morand dans l'une de ses Chroniques.

- LA DEUXIEME, DITE DIMENSION D'ATTENTE, concerne le comportement qu'un acteur attend d'un autre en tenant compte ou non des codes et des usages en vigueur. Cette dimension met en relation les conduites des autres et le contexte de la situation sociale. Ne pas tenir compte de cette dimension revient à installer ou favoriser des conflits de rôles ou de représentations : les différents rôles attribués à un acteur sont, en effet, sous l'influence des tensions à l'œuvre dans la société et dans le travail.

> *Marc adopte les codes et les usages de l'entreprise*
>
> Marc, dans le moment délicat de sa prise de fonction, a besoin d'adopter les règles générales et les codes socioculturels de sa nouvelle entreprise.

Il importe de ne pas être en dissonance avec les prescriptions et les valeurs sociales constituées en principes de référence partagés par un ensemble d'individus. Il y a, par exemple, dans toute entreprise des attitudes jugées estimables et idéales auxquelles aucun acteur ne déroge. Elles guident les comportements et les actes de communication.

Fritz Zörn, dans son récit autobiographique, *Mars*[1], montre la soumission de toute la famille aux avis et jugements du père, tellement intériorisée par les autres membres de la famille qu'aucune opinion divergente n'était possible. Combien de dirigeants imposent à leurs collaborateurs des avis ou des positions qui ne souffrent aucune discussion au nom des attentes attachées à chaque rôle, alors que la simple logique ou, plus prosaïquement, les intérêts de l'entreprise supposeraient des échanges construits sur des expertises et des argumentations ! Les managers autoritaires ou peu délégants incitent ainsi leurs collaborateurs à la soumission ou à la résignation.

- LA TROISIEME DIMENSION RENVOIE AUX CONDUITES REELLES DE LA PERSONNE. Ce sont les conduites observables : le rôle est un mixte fait de l'ensemble des comportements attendus et de la réponse que fournit la personne à ces attentes. Deux psychologues, Marc et Picard, rappellent que *«les deux aspects s'interpénètrent dans un processus dynamique d'ajustement mutuel entre les acteurs en relation.*[2]*».*

---

1. *«Quand venait Monsieur le Docteur, ou Monsieur le Directeur, ou Monsieur le Curé, on ne pouvait pas se réjouir de cette visite.... Mes parents faisaient d'autres gestes que d'habitude, disaient d'autres choses, allaient jusqu'à défendre d'autres opinions que d'habitude et surtout, en présence de ces personnages respectables, ils s'adressaient à mon frère et à moi tout autrement qu'à l'ordinaire. En présence de ces personnages respectables, même le ton en usage entre parents et enfants devait être différent, plus contraint et plus artificiel».* Fritz Zorn, *Mars*, Editions Gallimard, 1979.
2. *L'interaction sociale*, Edmond Marc, Dominique Picard, Presses Universitaires de France, 1989.

■ Le rôle s'élabore dans le jeu des interactions

C'est sur cet ensemble que s'organise l'image d'un acteur auprès des autres acteurs d'une entreprise. Mais un responsable nouvellement installé est-il totalement libre de jouer son rôle comme il le souhaiterait? En vérité, de nombreux éléments interviennent pour faire du rôle un système reposant sur une double force : une influence extérieure à l'individu et une orientation propre à chacun. Le rôle s'élabore dans le jeu des interactions. Il est par nature imprévisible.

Marc hésite entre le personnage et la personne

Dans son comportement, Marc, comme tout membre d'une communauté, va osciller entre deux orientations :

○ La première se construit par réaction à ce qui est attendu de lui en fonction de sa mission, de ses responsabilités et de ce qu'il donne à voir de lui;

○ La seconde, découle de la vision et des représentations qui sont les siennes au moment de la prise de fonction. Marc va devoir naviguer entre ce qui est de l'ordre du prescrit et ce qui relève de l'expression de sa sensibilité. Souhaitons-lui de le faire avec facilité!

EXEMPLE

Dans le cadre de son DESS Psychologue du travail, Alain a réussi à obtenir un stage au service qualité d'une unité de production automobile. La culture d'entreprise de ce groupe est marquée par la hiérarchie des statuts et la possibilité de promotion interne.

Alain est accueilli par un cadre qui lui donne toutes les apparences d'être responsable d'un ensemble de démarches qualité : entretien d'accueil, présentation du service, consignes pour le stage... Changement de décor à la cafétéria : Alain constate, dès les premiers jours, que son tuteur déjeune seul et semble marginalisé.

Quelques jours après le début de son stage, Alain est abordé par le directeur du service de retour d'une mission de conseil dans une usine du groupe à l'étranger. Il souhaite rencontrer Alain pour une séance de travail afin, dit-il, de réexaminer les objectifs, d'affiner le programme du stage et de l'aider à la problématique du mémoire. Il informe Alain qu'il effectuera le stage sous sa direction et qu'il sera présent à l'université pour la soutenance du mémoire.

QUE DIRE DE CETTE SITUATION ?

Alain a décodé d'abord un certain nombre de signes sans pour autant accéder à des informations essentielles. Le cadre qui l'a en premier reçu dans le service a joué un rôle qu'il ne pouvait tenir dans la durée, d'autant que son image semble passablement altérée dans la communauté de travail. Le retour du responsable légal le place dans un conflit de rôles. Cette situation non prévue dans cette entreprise souligne que l'exercice du pouvoir fait fonctionner des rôles et des positions tout à fait informels.

Jean Maisonneuve[1], pour illustrer cette double posture d'équilibre, distingue le personnage et la personne. Au *personnage* correspond un rôle stéréotypé (l'attente sociale et la volonté de paraître) alors que la *personne* dévoile un comportement fait de spontanéité et affiche la singularité du caractère. On comprend mieux alors que toute hésitation entre ce qui appartient au *personnage* et ce qui concerne la *personne* puisse générer des difficultés de communication ou troubler l'image d'acteurs engagés dans la vie publique.

■ Le pouvoir relève d'une appropriation individuelle

Le pouvoir formel du responsable ne peut être assimilé à un flux qui descendrait de la hiérarchie vers les collaborateurs : il est en partie contraint et régulé par les jeux d'acteurs et l'appropriation des statuts et des rôles. Il s'agit toujours d'une appropriation individuelle. François Petit rappelle que dans une organisation *«chaque acteur, produit des décisions et des comportements qui résultent d'un ajustement*

---

1. *Introduction à la psychosociologie*, Jean Maisonneuve, Presses Universitaires de France, 1973.

© Éditions d'Organisation

*complexe entre les prescriptions, les attentes des supérieurs, des subor-
donnés et des pairs, et son image idéale du rôle du chef* [1] ».

Sociologues et psychologues des organisations s'accordent sur ce
point : à partir d'une prescription, l'acteur interprète son rôle. Au lieu
d'envisager une réponse stéréotypée, prévisible aux stimuli, il agit en
intégrant ses propres buts à son activité.

Managers, révisez votre jugement !

Cette donnée n'est pas naturellement admise par les cadres et les
responsables qui ont généralement tendance à penser qu'un management *ad hoc* suffit à lever les ambiguïtés.

Les habits neufs de Marc

En prenant ses nouvelles fonctions, Marc s'installe dans un processus
d'autoconstruction de son identité à partir des processus de communication dans lesquels il est inséré, des influences multiples émises par
son environnement.

Considérons la situation :

- Marc est le nouveau collaborateur du directeur général. Son rôle
  de cadre est pleinement perçu par le personnel : à lui de se conformer aux représentations et aux attentes que la collectivité
  confère à son rôle d'adjoint. Prendre son poste ne peut signifier
  pour lui de répondre uniquement à des prescriptions.
- **La façon avec laquelle un acteur investit un rôle témoigne de la
  structure de pouvoir de l'organisation.**
- Marc ne va pas exercer ses fonctions de la même manière que son
  prédécesseur : à partir d'éléments qui relèvent de son identité, de

---

1. *Introduction à la psychosociologie des organisations*, François Petit, Editions Privat,
Toulouse, 1978.

son histoire, de son ambition, il va interpréter des données générales pour répondre aux demandes de sa hiérarchie.

De ces éléments, il résulte que le pouvoir dans les organisations est
un construit issu de composantes et d'influences croisées.

Le pouvoir, un rapport de forces

Sociologues et psychologues aboutissent aux mêmes remarques : le
pouvoir est un rapport de forces qui permet à une personne de faire
agir une autre personne. Le pouvoir ne découle pas systématiquement d'un statut ou d'une position hiérarchique.

■ Construire son pouvoir

L'observation d'entreprises ou de services permet de mettre à jour des
situations variées : des responsables peuvent n'avoir que peu de pouvoir ou moins que leur statut pourrait leur en attribuer alors que des
acteurs de moindre importance jouissent d'une meilleure position et
participent à des décisions. De même, des groupes sans position sociale
élevée ou des individus isolés peuvent accéder à des niveaux de pouvoir sans commune mesure avec leur place et leur fonction. Celui qui
possède une compétence, qui est spécialisé dans une tâche, qui maîtrise
une procédure dispose d'un espace de pouvoir dans l'organisation.

■ Reconnaître le pouvoir des experts

Parmi les sociologues des organisations, Michel Crozier[1] a, le premier,
mis à jour la spécificité de cet acteur, l'expert, souvent seul et qui sait,
symboliquement, monnayer ses talents dans l'entreprise. C'est celui qui
sait se rendre indispensable : les exemples sont nombreux parmi les
agents de maintenance informatique, le personnel d'entretien, ou
encore les employés des services généraux dans les administrations.
L'expert, selon Michel Crozier, est celui qui dispose d'un «monopole»,

1. *L'acteur et le système*, Michel Crozier, Erhard Friedberg, Editions du Seuil, Paris,
1977.

de quelque nature qu'il soit : *«L'expert est le seul qui dispose du savoir-faire, des connaissances, de l'expérience du contexte qui lui permettent de résoudre certains problèmes cruciaux pour l'organisation».*

> *Marc a conscience du pouvoir des experts dans l'entreprise*
>
> Pas question que Marc néglige ou minimise le rôle ou l'influence des experts qu'il va croiser : au contraire, leur identification est primordiale et gage d'une prise de fonction apaisée.

Trois mises en garde à l'intention de Marc

- D'abord, lui rappeler que les résultats de son action ne seront clairement lisibles, donc appréciables, qu'à l'aune de l'année suivante, c'est-à-dire à un horizon nettement supérieur aux cent jours dont bénéficie tout nouveau dirigeant pour s'installer dans son rôle.
- Ensuite, mentionner qu'il n'existe pas de recettes gagnantes pour la prise de fonction : devenir le patron d'une entreprise ou d'un service moribond ne suppose pas le même comportement que d'arriver à la tête d'une structure qui accumule les succès. Le ou les métiers sur lesquels s'appuie l'entreprise génère un ensemble d'éléments socioculturels à considérer en priorité.
- Enfin, souligner qu'il est vain de proposer une planification détaillée et générale des cent jours : c'est contre les jugements hâtifs et les décisions minute qu'il faut se prémunir. Il est parfois nécessaire de bâtir un plan d'action pour savoir s'en écarter !

NEUF PRINCIPES D'ACTION
AGIR, POUR NE PAS RÉAGIR

Marc peut trouver néanmoins quelques avantages à s'en tenir à des principes généraux afin de faire en sorte que sa prise de fonction s'inscrive dans une démarche de communication et de compréhension.

Neuf principes majeurs peuvent être énoncés : ils ont en commun de considérer la prise de fonction comme une rencontre associant action (faire et savoir-faire) et prise de distance (savoir se regarder faire et savoir se questionner).

Premier principe
Soigner son approche de la communication interpersonnelle en recourant au *message je*

Il est plus pertinent, en effet, de chercher à comprendre les personnels, leurs motivations, l'histoire de la société que de chercher à établir des comparaisons avec la situation passée. Ne rien faire qui puisse agacer et laisser entendre que tout allait pour le mieux dans le précédent poste. Ce qui compte, ce sont les autres. Les écouter, c'est être disponible ! Même si ce que vous recevez fait écho en vous ou vous touche interdisez-vous de faire état de votre expérience, de vos souvenirs ! Si vous devez parler de vous, bannissez l'excessif et exécrable *moi-je*...

Le nouveau poste se construit sur le deuil du précédent. Le *Message Je,* expression conçue par Thomas Gordon[1], est censé être efficace pour solliciter un comportement sans générer de la résistance ou de l'affrontement. Pour Gordon, ce type de message convient tout à fait à l'exercice du management. Un dirigeant est efficace quand il maîtrise les techniques de communication qui permettent de modifier les comportements qui gênent la bonne marche du service. Un tel dirigeant sait influencer ses collaborateurs sans que ses relations avec eux en soient altérées.

Dans ce type d'échange nommé *confrontation* par T. Gordon, le responsable cherche à induire des changements. C'est lui qui porte le problème à résoudre, et c'est donc sur lui que le traitement repose.

---

1. Thomas Gordon, *Cadres et dirigeants efficaces*, Editions Marabout, n°1831, 1991. L'auteur développe sa théorie générale de l'efficacité humaine fondée sur un modèle de relations interpersonnelles dans le domaine de l'enseignement et de l'éducation des enfants.

© Éditions d'Organisation

Deuxième principe
Rencontrer le plus grand nombre de personnes impliquées dans le système social de son nouveau poste de travail

Il s'agit d'établir le contact avec le «terrain», de repérer les éventuels points de tension, et de recueillir les idées. Cette pratique est une forme d'audit social spontané qui permet de faire passer des messages généraux sous diverses formes et d'afficher des intentions d'écoute. Savoir conduire un entretien est sans doute une compétence déterminante pour tirer profit de ces rencontres. L'entretien est un acte de communication délicat qu'il convient d'aborder avec quelques précautions.

Quatre points de vigilance peuvent être mis en évidence afin de se prémunir des principaux écueils d'un entretien mal conduit.

SAVEZ-VOUS CONDUIRE UN ENTRETIEN?

- Vous avez envie de parler? Taisez-vous. Apprenez à écouter l'autre.
- Vous avez une idée derrière chaque question que vous posez? Considérez vos questions et vérifiez si elles n'induisent pas la bonne réponse que vous attendez.
- Vous pensez à ce que vous venez de dire? Essayer de vous concentrer sur ce que pense et dit votre partenaire. Il a besoin de voir que vous lui accordez de l'importance.
- Vous savez qu'il faut reformuler ce que dit l'interlocuteur. Vous avez alors très souvent recours à des expressions du type *«si je vous comprends bien...»*. Reformulez-vous à bon escient? La reformulation est plus que la répétition d'une formule stéréotypée.

D'une manière générale, la pratique de la reformulation dans l'entretien apporte un enrichissement de la relation et permet le développement de la confiance. Trois caractéristiques sont attachées à cette pratique qui permet de recentrer l'échange sur ce qui est important.

REFORMULER C'EST...

- MARQUER l'intérêt pour l'interlocuteur et le discours qu'il tient;
- EVITER aux deux partenaires de s'engager dans une direction erronée en clarifiant les non-dits et les malentendus;
- OFFRIR à l'interviewé la possibilité de nuancer, de rectifier ou de confirmer ses propos et l'aider à prendre conscience de son propos.

L'entretien est un outil très pertinent dans la période de prise de fonction. Il permet de se faire connaître, d'approcher les partenaires, de comprendre le sens du travail et les représentations élaborées par les acteurs.

Ils témoignent...
Jean-Pierre, adjoint du directeur d'un office interprofessionnel dans le domaine de l'agroalimentaire.

Dans les trois mois qui ont suivi sa nomination, il a visité les cinq sites régionaux afin de se présenter, de rencontrer les acteurs de terrain, mais aussi de repérer les acteurs relais sur lesquels des projets peuvent reposer.

«J'ai demandé à chaque responsable de site et à chaque chef de service quels étaient les points à traiter en priorité; je me suis fait ainsi une idée des urgences et du climat de chaque site tout en recueillant de l'information non filtrée».

Chantal, chef du service «adolescents» d'un établissement médico-social.

C'est sa première expérience de responsable; auparavant, Chantal a été éducatrice auprès de jeunes en difficulté pendant une quinzaine d'années. Son service comprend 17 éducateurs et 3 assistantes sociales ainsi que du personnel de secrétariat et du personnel d'entretien. Pendant les premières semaines qui ont suivi sa prise de poste, Chantal a rencontré l'ensemble de son équipe et a tenu à animer dès le début les réunions de synthèse hebdomadaires traditionnellement laissées à l'initiative du médecin psychiatre, intervenant occasionnel de l'établissement.

«J'ai trouvé des méthodes de travail pas du tout conformes avec le traitement des situations des adolescents; il a fallu que je diffuse à chaque occasion l'état d'esprit de mon projet d'action tout en rassurant les plus hostiles, c'est-à-dire les moins performants! Pour réussir, j'ai travaillé dix à douze heures par jour les six premiers mois. C'est à ce prix que j'ai pu m'imposer, là où deux prédécesseurs avaient jeté l'éponge au bout de quelques semaines».

Troisième principe
Percevoir et évaluer le niveau de motivation du personnel

Marc est motivé et enthousiasmé par son nouveau poste. Mais comment peut-il estimer le degré de mobilisation de ses collaborateurs?

▓ La motivation est un élément volatil

La motivation dans le cadre du travail ne peut être appréhendée comme un élément parfaitement stable.

La motivation au travail est un processus complexe qui dépend de la situation de chaque personne et des spécificités de l'organisation. Elle est le résultat de nombreuses interactions qui ne se livrent pas spontanément. Elle doit être entendue comme un processus évolutif et construit par le jeu des relations entre la personne et les composantes du contexte de l'entreprise.

> *Marc repère les collaborateurs motivés*
>
> En prenant ses fonctions, Marc aura avantage à repérer les signes et les comportements relatifs à la motivation de ses collaborateurs.

▓ Agir sur la motivation

Claude Lévy- Leboyer[1] propose une approche pluraliste de la motivation qui repose sur deux idées majeures. Les facteurs de motivation

---

1. Claude Lévy-Leboyer, *Motivation dans l'entreprise*, Editions d'Organisation, Paris, 1998.

sont toujours multiples. La motivation n'est ni fondée exclusivement sur des caractéristiques individuelles ni sur des caractéristiques de l'organisation. Elle évolue et se modifie selon les événements qui affectent la vie professionnelle, sociale et personnelle de l'individu.

> EXEMPLE
>
> Cette entreprise se caractérise par le passage éclair de chaque directeur (deux ans en moyenne). Bernard vient d'être embauché comme responsable du service Ressources humaines. Très vite, il constate que la valse des directeurs a généré un management défini par l'incapacité à prendre des décisions et par des habitudes de dissimulation d'informations. De ses observations, il retient que le personnel est en proie à des doutes quant à la pérennité de l'entreprise.
>
> Ses premiers gestes sont tournés vers la restauration d'un climat favorable à la communication et à la confiance : définition d'objectifs (alors que la motivation première des salariés est de maintenir et conserver son emploi), repérage des opportunités d'évolution, affichage de ses enjeux, annonce de ses intentions en matière de projet.
>
> **Dans un tel contexte, chercher à développer la motivation consiste d'abord à repérer et ensuite éliminer les causes de démotivation.**
>
> La solution est d'impulser un management qui donne un sens à la participation de chacun. Bernard peut développer une démarche d'observation pour cartographier les points sensibles de l'entreprise. C'est dans le contexte de l'entreprise que s'élaborent des dispositifs pour faire évoluer la motivation. Il s'agit d'une véritable politique qui ne se résume pas à des recettes ou des prescriptions universelles.

Quatrième principe
Chercher à comprendre le visible et les parties cachées

La nouvelle entreprise de Marc présente quelques similitudes avec la précédente, elle en est néanmoins éloignée pour l'essentiel.

Marc a son temps compté

Marc dispose de trois mois pour se poser (et poser aux autres) toutes les questions naïves qui lui viennent à l'esprit. Au-delà de cette limite le ticket n'est plus valable !

Cinquième principe
Identifier les us et coutumes de l'entreprise

Renaud Sainsaulieu[1] montre que toute organisation est un lieu d'apprentissage culturel dans lequel les acteurs agissent à la fois en fonction de jeux individuels, selon les représentations culturelles de ces mêmes jeux et aussi selon les caractéristiques de l'organisation.

Marc traque l'invisible

Il appartient alors à Marc de décoder finement les mille détails invisibles à l'œil nu, les non-dits, les habitudes qui régissent la vie de l'entreprise, éléments si fortement incrustés dans le quotidien que personne ne peut spontanément en faire ni l'inventaire ni l'historique.

Toute organisation vit avec des «vaches sacrées» : le moindre écart à des habitudes, à des comportements partagés peut coûter très cher. Les exemples sont nombreux et parfois cocasses.

EXEMPLE

Les directeurs généraux et leurs adjoints d'un ministère ont coutume de déjeuner à partir de 13 h 45/14 h et de s'attarder à la cafétéria désertée pour des cafés d'échanges et de créativité, à tel point que l'entreprise chargée de l'entretien des locaux a été invitée à décaler ses horaires pour que cette pratique instituée ne soit point mise en péril !

De même, dans certains contextes, il est judicieux de respecter les usages : se garer le matin à la place du directeur peut valoir de sérieuses déconvenues. Marc ne doit pas ignorer les petits usages de

© Éditions d'Organisation

---

1. Renaud Sainsaulieu, *L'identité au travail*, PFNSP, Paris, 1979.

l'entreprise : pause-café, bureau ouvert ou fermé, horaires, manifestations de sympathie et de convivialité, tenue.

Sachez-le

Trouver un espace pour soi passe par la participation et l'engagement.

Sixième principe
Inventorier et décoder les rites en vigueur dans l'entreprise

L'observation des rites et des usages d'une institution procure de l'information de qualité sur le climat général et sur les comportements. Les rites sont des expressions collectives qui empruntent diverses formes (paroles, actions, attitudes et gestes codifiés) qui se répètent à des moments précis.

Entrer dans une entreprise, dans une administration, dans un service, c'est s'agréger à un groupe humain dont la vie sociale est plus ou moins intense. L'entreprise est comparable selon J.-P. Jardel[1] à une tribu : les codes, les règles tacites de comportement, les attitudes partagées structurent la vie quotidienne. Souvent, cela concerne des détails, des éléments d'apparence anodine qui participent à la création et au maintien du lien social et qui contribuent à humaniser les relations de travail.

■ **Les rites sont nécessaires au bon fonctionnement de l'entreprise**

C'est quand un événement vient en perturber le bon déroulement que leurs fonctions apparaissent avec toute leur force et que leur utilité est dévoilée pleinement. La présence de rites d'affrontement et de rites guerriers est un indice fiable du climat d'angoisse et du désarroi qui

---

1. J.-P. Jardel, *Les rites dans l'entreprise*, Editions d'Organisation, Paris, 2000.

règnent dans l'entreprise : c'est le cas des périodes de restructuration, de changements d'orientation. Dans les services publics, ce sont les grands changements politiques qui perturbent les rites institués. Il y a recomposition des pratiques : un rite se substitue à un autre ou le remplace provisoirement.

Dans certaines entreprises, les rites organisent la journée de travail et sont alors une marque de la culture interne.

EXEMPLE

Chaque matin, le journal *Le Monde* vit la même scène : la conférence des chefs de rubrique se tient à 7 h 30 dans le bureau du directeur. Cette réunion obéit à un rituel institué par le fondateur du journal, Hubert Beuve-Méry : les journalistes, debout autour du directeur, font le dernier point sur l'édition du jour et énoncent le contenu de leurs pages.

La production du journal est de plus rituellement organisée : le temps de travail est découpé séquentiellement : 7h30 conférence de rédaction ; 9h15 finalisation de la maquette ; 10 h rédaction des derniers articles ; 10h45 mise en pages du journal ; 11 h le journal est bouclé ; 12h30 sortie des premiers exemplaires.

Dans ce type d'entreprise, le rite est inséparable de la production : il n'est pas possible de sortir du rite.

Identifier les rites institués pour mieux s'y conformer

Parmi les différents rites que J.-P. Jardel identifie, trois catégories méritent de retenir l'attention dès lors que la question de la prise de fonction est évoquée :

- **Les rites de reconnaissance** et de marquage permettent de s'identifier au groupe, de montrer que l'on accepte les marques du groupe d'adoption. Ils concernent la tenue vestimentaire, le niveau de langage ordinairement usité par le groupe, l'appropriation de vocabulaire spécifique, les modalités d'interpellation comme le recours ou non au tutoiement.
Des éléments plus symboliques entrent dans cette catégorie : adopter et reconnaître les marques du pouvoir et de classement

hiérarchique (notes de frais ou remboursement au forfait, modalités de déplacement, voiture de fonction ou de service, superficie du bureau occupé et localisation dans l'entreprise...) ;

- **Les rites d'approche et de passage** servent à faire baisser le niveau d'angoisse ou de stress. Ils se rencontrent dans les périodes de changements notoires comme l'intégration dans une entreprise, dans une équipe ou dans tout groupe constitué. Ils accompagnent la personne dans le passage d'une situation connue à une situation nouvelle supposée à tort ou à raison receler quelques risques. Ces rites sont souvent mobilisés à l'occasion de promotion interne et à l'occasion de changement de statut.
- **Les rites de fusion et de braconnage**[1] apparaissent lorsque la charge de travail devient trop intense, trop importante. Les salariés cherchent à reprendre l'initiative face à une perte de l'usage du temps ; le braconnage se manifeste par des comportements qui ne s'observent pas ordinairement et qui permettent aux salariés de reconstituer symboliquement un usage du temps (pause-café, conversations, usage d'Internet, réunions informelles...). La réduction et l'aménagement du temps de travail parasitent le fonctionnement des rites : les temps informels deviennent plus rares et sont grignotés par la nouvelle organisation du travail.

Observez avant d'agir

Bien cerner les rites de la nouvelle entreprise est un enjeu de premier plan lorsqu'on prend de nouvelles fonctions : avant d'adopter un comportement vis-à-vis de ces rites, il est prudent de s'accorder un temps d'ajustement afin de prendre ses marques. L'observation peut apporter des renseignements précieux quant au sens de telle ou telle pratique.

---

1. L'expression rite de braconnage, est tirée de l'ouvrage de Pierre Bouvier, *Socio-anthropologie du travail*, Armand Colin, 2000. Pour l'auteur, le travail n'est pas monolithique, c'est au contraire une juxtaposition de temps : la maîtrise du temps de travail passe par le recours à des formes de ritualisation qui inscrivent l'entreprise dans la durée et permettent au salarié de s'y projeter.

▨ Le cas spécifique du tutoiement

Le tutoiement, selon qu'il est spontané et naturel ou imposé mérite une réflexion spécifique. S'il est fondé sur une manipulation, il peut se révéler dangereux par ce qu'il dissimule. Marie-France Hirigoyen situe le début du harcèlement moral dans le mélange de la vie personnelle et de ce qui relève de la vie professionnelle[1] : il y a risque de manipulation dès lors qu'une confusion s'établit entre les qualités de la personne et les compétences professionnelles. Dans ce cas précis, si le tutoiement est une vraie difficulté, il ne faut pas se l'imposer : le refus d'adhérer à cette pratique de banalisation des relations doit être argumenté.

▨ Participer aux rites initiés par les acteurs de l'entreprise

A ces rites institués et spécifiques, il faut ajouter les rites de fête et de convivialité qui, par répétition, deviennent des éléments de la vie des organisations. Ces rites ont la particularité d'être organisés autour de la nourriture.

Anne Monjaret[2] distingue trois types de rites à l'initiative des acteurs :

- Les rites calendaires qui visent à mobiliser un atelier, un bureau ou une entreprise à dates fixes (galette des rois, méchoui de fin d'année, arbre de Noël...) ;
- Les rites cycliques organisés à la suite d'événements à fort retentissement émotionnel (départ à la retraite, décès...) ;
- Les rites occasionnels qui célèbrent la solidarité, l'amitié ou le soutien (cadeaux et arrosage des naissances, des anniversaires...).

▨ Les rites constituent un indicateur de la vie sociale des entreprises

Ces formes de rites, inscrites dans des processus d'échange et de communication, développent une sociabilité intermédiaire entre la vie professionnelle et la vie familiale ou privée. Elles constituent un indicateur de la vie sociale des entreprises : il s'agit d'espaces où la parole et le comportement gagnent en spontanéité et en liberté (plai-

---

1. Marie-France Hirigoyen, *Le harcèlement moral, la violence perverse au quotidien*, Pocket, Paris, 1999.
2. *La fête, une pratique extraprofessionnelle sur les lieux de travail*, Cités, n°8, 2001.

santeries, barrières statutaires mises à l'écart ou non...). C'est aussi une façon de chercher à installer des relations qui fondent l'entreprise comme une cité, une communauté qui, tout en laissant à chacun sa propre singularité, existe par le lien de la sphère privée et du domaine public.

■ Les rites visent à homogénéiser

Platon compare l'organisation de la cité au labeur du tisserand. Le métier à tisser fonctionne par la tension entre la chaîne (élément vertical du métier) et la trame (élément horizontal du métier). Par analogie, le tissu social d'une communauté se constitue en nouant ensemble les fils opposés. Pour Platon, c'est l'alliance de ces différents fils qui définit l'art du tisserand. Le manager est donc le tisserand du vivre ensemble, du *bien* vivre ensemble.

■ Comprendre le sens des rites

Non seulement le débutant ne peut ignorer ces rites mais il aura avantage à les observer (existence, type de rite, fréquence, participation ou non de la hiérarchie...) et à les relier aux autres signes qui définissent la nouvelle entreprise. Il va de soi que la situation de «néo» est compatible avec la participation à ces temps de fête qui construisent pleinement l'équilibre social de l'entreprise !

EXEMPLE

Dans cette direction départementale d'un service de l'Etat, les vœux de bonne année du directeur sont l'occasion d'un moment d'échange et de convivialité qui rompt avec la multiplication et la lourdeur des tâches.

Le nouveau directeur décide de déplacer cette manifestation en fin d'après-midi, après la fermeture des bureaux. La réunion est boudée par la majorité du personnel qui perçoit la modification comme une remise en cause d'une pratique installée depuis longtemps et dont la principale fonction était de rassembler dans le même lieu l'ensemble de la communauté de travail. Ultérieurement, de nombreux conflits se dérouleront dans cette administration réputée pourtant paisible.

Attention !

Comme pour toutes les choses fortes, les rites doivent être consommés avec modération. L'excès de rites dénature le sens général.
A contrario, une entreprise qui bannirait les rites, les réglementerait, ne serait guère attirante.

Septième principe
Appréhender l'organisation de l'espace de travail

L'aménagement des lieux de travail est le reflet du mode de fonctionnement de l'entreprise. Des travaux de psychologie sociale[1] mentionnent que l'aménagement de l'espace de travail renseigne sur la nature de l'activité : plus une activité est perçue comme pauvre plus l'aménagement a tendance à présenter des signes de pauvreté.

Le travail de Marc est localisé au siège social de l'entreprise : l'espace de travail restitue les caractéristiques des règles, de la culture et les valeurs de l'entreprise. Les bureaux sont autant espace de travail qu'élément de la communication globale. Comment les personnels s'approprient-ils l'espace de travail ? Comment s'organise la circulation à l'intérieur des différents espaces ? Quelles sont les conditions d'accès des personnels à leurs supérieurs ? Comment sont effectués la répartition et l'aménagement des espaces ?

Huitième principe
Considérer les valeurs de l'entreprise

Le secteur dans lequel évolue désormais Marc est réputé être porteur de valeurs. Les organisations, quelles que soient leurs finalités, mettent en mouvement deux variables indépendantes :

- La première concerne les moyens qu'elles articulent pour fonctionner au quotidien : structures, normes, règles, procédures, circuits, méthodes, objectifs...
- La seconde consiste à interpeller la raison d'être de l'organisation. Elle produit le sens par échange et régulation.

---

1. G.N Fischer, *Psychologie des espaces de travail*, Armand Colin, Paris, 1989.

L'audit spontané auquel Marc aurait avantage à se livrer peut lui permettre de décoder, à partir d'éléments visibles immédiatement, le sens sur lequel s'appuie l'action : le sens doit être entendu comme un produit, un construit élaboré par le jeu des interactions entre tous ceux qui contribuent au fonctionnement de l'entreprise. C'est de son élucidation que Marc peut escompter comprendre d'une part, ce qui est attendu de lui et, d'autre part, trouver une place singulière dans le concert de l'entreprise.

C'est comme un projet que Marc doit envisager sa prise de fonction : affirmer sa légitimité dans le respect des principes et des codes en vigueur et exprimer son autorité. Cette dernière ne découle pas du statut (l'autorité légale) ni de l'expertise (l'autorité liée au métier et à la fonction) mais provient d'une attitude générale qui consiste à se considérer en situation de création. Marc doit apprendre à gérer l'inédit attaché à sa condition de responsable dans sa nouvelle entreprise.

> *Marc mobilise ses qualités de chef*
>
> En s'installant dans son bureau dès le premier jour, Marc doit mobiliser quatre qualités inhérentes à la position de chef : le flair et la curiosité, la logique et le raisonnement, la compréhension des situations et la capacité relationnelle.

Neuvième principe
Repérer le profil général de votre nouvelle organisation

L'action dans les organisations est soumise à deux exigences indépendantes et contradictoires, le sens et la cohérence.

- Le sens n'est pas lisible immédiatement. Il résulte de l'appréciation des acteurs. Le management porte un projet de cohésion et de régulation sociales. Le sens est porté par les acteurs : il diffère de l'un à l'autre. Il est co-élaboré par les acteurs et l'organisation. Il est l'aboutissement d'une transaction.
- La cohérence de l'organisation se lit dans ses règles, ses procédures et les moyens mis en œuvre pour faire vivre le sens. L'excès de cohérence produit la routine et, pour les acteurs, la démotivation.

Le rôle du manager est de rappeler le sens et de négocier la cohérence la plus pertinente pour l'organisation. Manager revient alors à chercher l'équilibre entre le sens et la cohérence et les faire jouer ensemble.

TYPE 1 **Organisations où l'expression du sens est première** Organisation de type «militant»	TYPE 3 **Organisations où l'expression de la cohérence est forte** Organisation bureaucratique
TYPE 2 **Organisations qui ne revendiquent ni la quête du sens ni le recours à la cohérence** Organisation en crise	TYPE 4 **Organisations où cohabitent l'expression de la cohérence et l'expression du sens** Management par projets

Le rôle du responsable, du décideur, du manager est de rappeler le sens et de négocier la cohérence la plus pertinente

- Dans les organisations de **type 1**, chacun est porteur du sens. Les règles sont peu valorisées : c'est l'action servie par des buts généraux qui prédomine. Ce type d'organisation en se pérennisant est contrainte d'évoluer vers un autre mode de régulation : contraintes du marché, nouveaux recrutements...
- Les organisations de **type 2** choisissent de fonctionner à petite vitesse : le sens n'est plus perçu et la cohérence n'est plus reconnue par les acteurs. Elles présentent une pathologie de crise ;
- Les organisations de **type 3** valorisent à outrance la cohérence au détriment d'un sens partagé ; Michel Crozier rappelle que le système bureaucratique ne peut fonctionner que par la transgression ;
- Dans les organisations de **type 4**, le projet comme «*conduite d'anticipation*»[1] est le dispositif emblématique des organisations qui agissent à la fois sur le sens et sur la cohérence. Dans cette configuration, les acteurs contribuent au sens général et sont garants de la cohérence du système. Les personnels ne craignent pas de s'engager dans des démarches de projet ou de changement qui permettent, selon eux, de rester motivés et d'agir en accord avec les buts de l'entreprise.

---

1. *Anthropologie du projet*, Jean-Pierre Boutinet, Presses Universitaires de France, Paris, 1996.

CHAPITRE 3

APPRENDRE À DÉBUTER

Et vous dans tout ça ? Vous pensez que la situation est délicate ? Vous êtes recruté(e) mais vous n'êtes pas en fonction. Vous attendez. On vous attend. L'entre-deux est anxiogène. Mille fois, pensez-vous, vos futurs collaborateurs et associés ont glosé sur votre projet pour le service et sur votre style de management. En tout cas, cette idée vous poursuit. Certains vous ont rencontré à l'occasion de vos visites dans l'entreprise ; d'autres en ont entendu parler. Vous percevez cela comme de l'agitation.

En vérité, le délai pour votre prise de fonction effective vous pèse. Vous êtes franchement inquiet(e). Parfois, dit-on dans votre entourage, même de méchante humeur. Vous-même, vous avez croisé certains de vos futurs collègues ou futurs collaborateurs. A plusieurs reprises vous avez esquissé un nouvel organigramme pour votre service.

Chaque événement est une occasion pour questionner la marguerite du management, « je connais l'entreprise, ses problèmes, ses enjeux, un peu, beaucoup... », sans que cela ne vous satisfasse pleinement. Vous épluchez tous les dossiers que l'on vous a remis ne voyant pas que, loin de l'entreprise, vous allez bien connaître le passé immédiat sans pour autant maîtriser le futur proche. Et pourtant vous avez l'impression qu'il ne faut pas rester sans rien faire. Mais que faire? Avant de tenter quoi que ce soit, d'abord reprendre son souffle! On souhaite votre présence dans quelques semaines : accepter quelques zones d'ombres et ne pas se laisser aller à des scénarii improbables. Elaborer des aides, préciser ses questionnements et interpréter l'information reçue peuvent être d'excellents recours contre les embûches de la prise de fonction.

TROIS OUTILS POUR L'ACTION SENSÉE[1]

Priorité au contexte de l'entreprise, observé à la lumière des éléments dont vous disposez. Le débutant peut recourir à trois démarches pour mieux comprendre son univers de travail :

- Exploiter les informations recueillies,
- Mesurer la qualité des relations sociales,
- Clarifier ses représentations.

Fenêtre sur débuts

■ La fenêtre de Johari est un outil d'aide à la décision

La représentation graphique en quadrants dite *fenêtre de Johari*[2] permet de modéliser la plupart des questions inhérentes à la prise de fonction : concevoir la fenêtre de Johari, la compléter et l'enrichir selon l'évolution de votre information sur l'entreprise constitue l'outil premier de la prise de fonction.

Pensez à la possibilité de réaliser plusieurs fenêtres thématiques (fenêtre de la communication interne au service, fenêtre des relations avec les partenaires, fenêtre des relations avec les autres services, fenêtre des relations de pouvoir...).

---

1. *L'enseignant au cœur du projet d'établissement*, J. Bonnet, Éd. d'Organisation, Paris, 1995.
2. Modèle présenté par P. Morin, *Le management et le pouvoir*, Les Editions d'Organisation, 1985, repris de J. Luft et H. Ingham, the Johari window, a graphic model of interpersonnal awareness, *Proceeding of the Western Training Laboratory,* Los Angeles, University of Georgia.

◼ Dresser un panorama des relations grâce à plusieurs fenêtres thématiques

Chaque fenêtre conçue à partir d'éléments originaux est configurée de façon unique : l'objectif est de «faire parler» l'information disponible. La propriété d'une *fenêtre de Johari* est d'opposer des éléments d'une relation (acteurs, groupes d'acteurs, hiérarchiques-subordonnés...) afin de révéler des relations de pouvoir, des dépendances réciproques et des zones floues, insoupçonnées de l'un et/ou de l'autre. Ces dernières dévoilent des pouvoirs potentiels, de futures opportunités que les acteurs peuvent mobiliser au gré de leur stratégie.

Eléments perçus par le service	- deux postes d'ingénieurs sont vacants; un seul sera remplacé à la rentrée - le précédent chef de service était très apprécié à l'intérieur du service; il a occupé le poste pendant presque 10 ans - la secrétaire du service actuellement en congé de maternité souhaite un aménagement de 80% de son temps de travail - l'accueil lors de la prise de contact avec le service a été chaleureux - les techniciens ont fait part de leur inquiétude liée à la charge de travail : des retards importants s'accumulent dans le traitement des dossiers	- le directeur départemental est en opposition avec d'autres services de l'Etat; le préfet souhaite son départ - le prédécesseur était en conflit ouvert avec le directeur départemental - les cadres de l'équipe de direction ont refusé de participer à un séminaire de management décidé par le directeur - le directeur a commencé sa carrière d'ingénieur dans cette direction; sa nomination est contraire aux usages : son image en est ternie	**Eléments perçus par le débutant**
Eléments non connus par le service d'accueil	- le cadre qui prend ses fonctions a connu un autre chef de service, lui-même ingénieur, lors d'un premier poste outre-mer; ils ont partagé leur passion pour les sports de glisse - le cadre rejoint sa région d'origine	- la direction va faire l'objet d'un audit général l'année suivante - l'adjoint du directeur va prendre un poste important au ministère	**Eléments non perçus par le débutant et par le service**

Exemple d'une fenêtre de Johari appliquée à la prise de fonction d'un nouveau chef de service d'une direction départementale de l'Agriculture et de la forêt.

■ **Actualiser régulièrement les fenêtres pour mieux percevoir les changements**

Cette lecture de l'univers de travail peut être rééditée à intervalles réguliers afin d'observer les glissements qui s'opèrent dans les différentes interactions. Chaque fenêtre permet de dresser un état des lieux du management qui s'incarne dans des relations de pouvoirs réciproques et des relations d'interdépendance. Elle apporte, en outre, des informations concrètes relatives à la culture organisationnelle.

La fenêtre de Johari est l'outil que tout cadre (débutant ou non) peut mobiliser avant de prendre une décision : elle permet d'interroger les rapports de force et les relations de pouvoir dont l'exacte mesure est nécessaire avant de rendre public les choix ou de mettre en œuvre une stratégie.

Construire le sociogramme du service

Le sociogramme[1] est la traduction graphique de la structure informelle et du fonctionnement d'un groupe. Outil fétiche de la sociométrie, cette carte des relations affectives ou des réseaux de communication met en évidence les jeux d'alliance, les oppositions, les rejets et les perspectives de coopération entre acteurs.

■ **Le sociogramme, un instantané de l'état des relations**

Tracer le sociogramme d'une unité, d'un service peut s'avérer particulièrement fructueux lors d'un changement structurel humain ou de la constitution d'une équipe-projet. Il livre des informations sur l'état des relations entre les personnes à un moment précis et permet, au moyen de signes de cotation normalisés, de qualifier les relations réelles.

■ **Le sociogramme est un outil d'aide à l'action**

La diversité des méthodes fait du sociogramme un outil simple parfaitement adapté à des objectifs de connaissance d'un ensemble humain

---

1. Le psychologue américain, Jacob L. Moreno a montré comment des enfants entretiennent des affinités dans leur classe. Les sociogrammes mis au point par Moreno permettaient de désigner le ou la camarade de classe près duquel ou de laquelle chaque enfant aurait souhaité être placé.

© Éditions d'Organisation

et à des objectifs de préparation à l'action. Il facilite, en effet, l'élaboration de modèles effectués à trois niveaux :

- niveau de l'individu,
- niveau des relations entre individus,
- niveau des structures de groupe.

■ Le sociogramme utilise des codes simples

Comment concevoir son sociogramme[1]? Comme représentation des relations existant dans une organisation, le sociogramme utilise une symbolique simple pour mettre à plat les relations réelles existantes dans une organisation.

On présente :

- les relations d'aide et de coopération par le signe [++],
- les relations d'alliance durables et stratégiques par le signe [+],
- les relations de tension et les dysfonctionnements par le signe [-],
- les relations conflictuelles par le signe [--],
- les relations fonctionnelles, neutres ou les relations conformes à ce qui est prescrit par le signe [≈].

Le sociogramme se construit en trois étapes

1. Identification des acteurs et formalisation des relations ;

2. Qualification des relations à l'aide de la symbolique ; il est nécessaire de mentionner la polarité de la relation. Est-elle symétrique ou asymétrique ? A cette étape, la schématisation peut apparaître chargée et d'une lisibilité réduite ;

3. La version finale va consister à ne retenir que les relations significatives. Dans certaines situations (nombreux acteurs, groupes sociaux multiples), la réalisation de sociogrammes partiels peut faciliter l'identification des réseaux relationnels et du système général d'action.

---

1. La méthode présentée ici a été mise au point par François Granier, chercheur associé au Laboratoire de Sociologie du Changement (LSCI - CNRS). Elle est présentée avec son autorisation. Qu'il en soit remercié.

Exemple de sociogramme

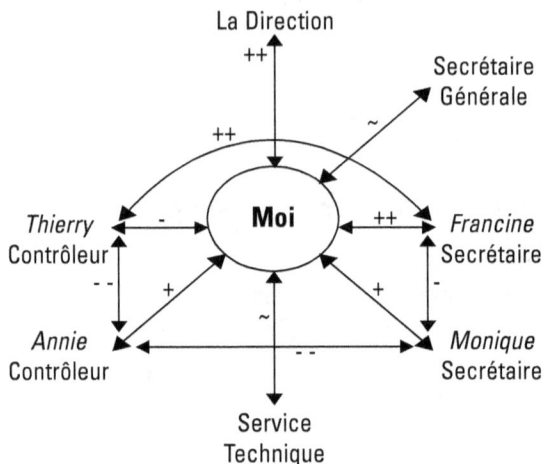

La Direction

Secrétaire
Générale

Thierry
Contrôleur

Moi

Francine
Secrétaire

Annie
Contrôleur

Monique
Secrétaire

Service
Technique

**Sociogramme Ingénieur débutant
dans une Direction Départementale**

■ Sociogramme et organigramme se complètent

Le sociogramme peut être aisément confronté à l'organigramme qui, lui, marque la représentation officielle des relations existant dans une organisation. C'est un document informatif qui montre les relations mécaniques et hiérarchiques alors que le sociogramme dévoile l'état, à un instant donné, du climat relationnel à l'intérieur d'un groupe. Si l'organisation est comparée à un iceberg, la partie émergée serait l'organigramme : pour apercevoir la partie immergée, il faudrait construire le sociogramme.

■ Suivre l'évolution relationnelle du groupe en réactualisant régulièrement le sociogramme

Réactualiser régulièrement le sociogramme permet de suivre l'évolution relationnelle du groupe. Comme la fenêtre de Johari, le sociogramme peut être repris à intervalles réguliers pour s'assurer de l'évolution ou de la stabilité affective et relationnelle d'un groupe.

Construit au moment de la prise de fonction, le sociogramme est un moyen d'effectuer des prévisions relatives au fonctionnement des relations interpersonnelles et des petits groupes tels que les unités de travail.

Interroger les représentations
de sa nouvelle fonction

■ Notre «vision du monde» détermine notre action

Toute action intentionnelle ou non est motivée par des représentations de cette action. La personne, en toutes circonstances, se réclame d'une «vision du monde» : le cadre en situation de prise de fonction ne peut que la solliciter pour agir, argumenter, prendre position et décider.

Cette vision du monde préfigure le comportement.

> EXEMPLE
>
> L'enseignant qui commence son cours voit-il la classe comme «la cage aux lions» ou comme «une scène de théâtre ou un plateau de cinéma»?
>
> *«Quand je pénètre dans ma salle ou que je débute un cours, je démarre, même si je m'en défends, avec une certaine représentation du groupe, ce que je sais de lui, ce que j'ai déjà vécu avec lui, mes craintes aussi. C'est cette représentation préalablement construite mais peut-être aussi fantasmée qui va orienter mes réactions à ce qui se produit dans le groupe».*

■ Décrypter les représentations pour comprendre les relations sociales...

La compréhension de la dynamique des interactions sociales est totalement dépendante de ce que J.-C. Abric[1] nomme «la pensée naïve» ou

---

1. Jean-Claude Abric (sous la direction de), *Pratiques sociales et représentations*, Presses Universitaires de France, Paris, 1994.

«le sens commun». Selon lui, les représentations développent quatre fonctions essentielles :

- **Une fonction de savoir** car elles facilitent la compréhension de la réalité ;
- **Une fonction identitaire** en permettant à l'individu de se situer dans le champ social et de se reconnaître dans la spécificité de son groupe d'appartenance ;
- **Une fonction d'orientation**, de guide, de prescription et détermination des comportements et des pratiques ;
- **Une fonction justificatrice** des attitudes, des comportements et des positions sociales.

... et agir en conséquence

A partir de ces quatre axes, il est possible au cadre débutant d'organiser sa pensée et sa réflexion en vue de l'action. Le tableau ci-dessous renvoie les principaux éléments contribuant à la compréhension de la dynamique sociale : ces éléments sont à la fois de nature explicative et de nature informative.

	En tant que cadre, responsable, décideur, chef de service ...	... ce que cela produit dans mes actes
... comment je comprends, j'explique la réalité, et je m'inscris dans la communication sociale		
... comment je me situe en référence et par comparaison aux autres		
... comment je détermine mes comportements et mes pratiques		
... comment je justifie *a posteriori* mes décisions et mes comportements		

■ Inscrire son management dans une réflexion d'ensemble

Selon Jean-Claude Abric, il existe une forte relation entre les représentations de la personne et les pratiques sociales qu'elle met en œuvre. La connaissance des représentations ne peut être séparée des actions qui les illustrent. C'est pourquoi, le responsable en période de prise de fonction ne doit pas négliger la relation existant entre le savoir immédiat, le guide pour l'action que constituent les représentations et le contexte social dans lequel elles s'incarnent.

Dans ce moment de plus grande fragilité, il importe, en effet, d'inscrire l'action du management dans une réflexion globale qui permet de confronter dans un ensemble relié les pré acquis, le cadre d'interprétation, les idées pour l'action et la nouvelle réalité socioprofessionnelle. C'est là une attitude efficace pour se prémunir du choc des représentations inhérent à l'arrivée dans un nouveau groupe social.

■ Clarifier et expliciter ses représentations pour le manager débutant

Un travail de clarification et d'explicitation des représentations peut être une ressource précieuse pour le responsable en phase de prise de poste :

- Il peut aider à identifier et situer l'écart de connaissance entre la représentation spontanée du management et sa réalité ;
- Il permet d'estimer les attitudes et réactions rencontrées par rapport à la nouvelle situation professionnelle (suspicion, attentisme, cynisme...) ;
- Il contribue à mieux connaître aux niveaux collectif et individuel le groupe de collaborateurs ou de collègues (homogénéité ou diversité des représentations).

Fenêtre de Johari et sociogramme sont des outils dont les usages sont multiples. Ils peuvent être utilisés à des degrés différents. Il convient cependant d'en cerner les contours en assignant des objectifs rigoureux à l'application. Pour un sociogramme de positionnement dans un service ou dans une équipe d'un responsable en situation de prise de fonction, par exemple, il est nécessaire de tenir compte d'un certain nombre de critères : composition de l'équipe de travail, relations des membres entre eux, statut...

Ils témoignent...
Entretien avec un chef de projet

«La réalisation du sociogramme pour organiser l'équipe-projet m'a permis de comprendre l'état des relations entre les ingénieurs de mon service; j'ai découvert que l'un d'entre eux était en quelque sorte leader du groupe et que par son expérience et ses engagements sur le terrain depuis de nombreuses années, il détenait des informations importantes pour la conduite du projet. J'ai ajusté mon management du projet en tenant compte des apports du sociogramme».

Quant au travail d'identification et d'exploration des représentations, il est parfaitement adapté à des cadres en charge de service, de direction ou d'unité de production : Marc, Carole et vous-même pouvez y trouver un précieux viatique pour aborder la période des cent jours.

Mettre à plat les représentations facilite la compréhension générale de l'organisation : les connaissances ou «pré connaissances» plus ou moins élaborées, les attitudes, les cadres d'interprétation nourrissent l'action et déterminent les conduites des acteurs. Il est donc fondamental d'y accorder une grande attention. Pour cela, l'entretien libre et l'observation sont les outils à privilégier.

RESPONSABLES DÉBUTANTS : SOYEZ CRÉATIFS !

■ Recourir avec profit aux techniques de créativité

Les cadres primo débutants qui ont à découvrir à la fois la fonction et les arcanes du management peuvent avec profit recourir à des méthodes d'exploration de leurs représentations à partir des ressources des jeux, des méthodes et des techniques de créativité. Généralement utilisées à l'occasion de formations, de séminaires de management, donc dans un cadre collectif, les techniques de créativité doivent, pour un usage solitaire, être adaptées à l'enjeu et aux objectifs définis par la personne.

▣ Transposer à un autre plan les réalités quotidiennes

Pourquoi la créativité? L'observation des processus d'action montre que, dans la plupart des situations, les idées toutes faites envahissent les productions qu'elles soient individuelles ou collectives. Les habitudes sont si tenaces que, dans certaines circonstances, les perspectives de changement génèrent de la résistance dans les domaines du comportement ou des idées.

La créativité consiste à structurer le temps, l'espace, les idées, les objets... selon un schéma original et à leur donner un sens nouveau. Elle réunit donc en une combinaison nouvelle des éléments épars et invite à regarder d'un œil neuf ce que l'expérience quotidienne offre à l'observation.

Les techniques de créativité sollicitent l'imaginaire et permettent de transférer les problèmes à résoudre ou les difficultés rencontrées sur d'autres plans. Elles peuvent servir de multiples objectifs : se faire une idée sur un objet difficile à cerner, mieux comprendre une situation, changer l'angle d'approche d'un problème, appréhender la complexité d'un contexte par le recours à des métaphores.

▣ La psychosociologie sous-tend les techniques de créativité

Selon leurs promoteurs, ces techniques prennent appui sur quatre hypothèses psychosociologiques :

- La découverte scientifique, l'invention technique et la création artistique procèdent de démarches psychologiques identiques ;
- Les principes émotionnels prennent toujours le pas sur les principes intellectuels dans les processus de création ;
- La compréhension et l'identification de ces principes permettent de développer l'aptitude à la création ;
- Les mécanismes de la création individuelle sont analogues à ceux de la création de groupe[1].

▣ Le «brainstorming» est une technique de créativité efficace

A l'instar de la plus connue d'entre elles, le «brainstorming», les techniques de créativité se proposent de développer à la fois l'aptitude à la création et la production, sur un thème donné ou sur un problème particulier,

---

1. *L'imagination constructrice*, A.F Osborn, Dunod, Paris, 1968.

d'associations originales ou de nouvelles idées. Le «brainstorming», se pratique en groupe et peut être, avec efficacité, utilisé dès une première prise de contact. C'est une réunion dont la finalité est une production créatrice.

Le terme «brainstorming» vient de *brain*, cerveau et *storm*, orage. Littéralement, il pourrait être traduit par «tempête sous le crâne», «assaut d'idées» : l'objectif fondamental de cet exercice, est de débrider l'imagination et de laisser libre cours à la production spontanée des idées. Son utilité a été maintes fois démontrée pour résoudre des problèmes pratiques dans la vie des groupes ou des organisations, ou pour renouveler les idées et impulser les projets.

■ **Recourir à l'expression écrite créative pour le manager débutant**

Utilisées individuellement, les techniques de créativité sont peu coûteuses en temps et facilitent le déclenchement de processus de pensée inédits. Dans le contexte de la prise de fonction où la disponibilité est une ressource rare, c'est par des pratiques d'écriture ou par le recours au soliloque que l'expression créative peut, de préférence, se révéler et être bénéfique. En effet, dans cette période de fragilisation, l'écrit créatif est capable de faire éclater chez celui qui le pratique le trop plein de rationalité, de conformisme. Il aide à développer la puissance de l'imaginaire. Les circonstances se prêtent parfaitement à ces instants d'évasion quand la réalité se fait trop exigeante.

Ces jeux proposent une autre manière de voir les problèmes : ils sont une invitation à trouver des modalités inédites de résolution. Les jeux présentés ici se pratiquent sans accompagnement et ne nécessitent aucune préparation. Toutefois, la production issue de chaque jeu mérite un temps d'arrêt et doit conduire à la réflexion.

Comparaison n'est pas raison?

Le jeu consiste à élaborer des comparaisons selon la consigne : *je dois trouver 12 comparaisons*. Les termes choisis sont, par exemple, *management* ou *responsable*. Ce jeu appelé *Les mots sont comme les cerises*[1]

---

1. *41 fiches d'initiation à l'écriture créative*, Camille Rondier-Pertuisot, Paris, Editions d'Organisation, 1991.

déclenche souvent l'humour ou l'ironie : la comparaison ainsi créée permet de se détacher des difficultés. Le jeu a l'avantage d'offrir un moment de détente et inspire des associations d'idées qui favorisent la réflexion.

LES MOTS SONT COMME LES CERISES...
AUTOUR DU MOT «RESPONSABLE»...

«**comme** le CHIRURGIEN avant l'opération,

comme le CHEF SCOUT prépare le feu de camp pour la veillée,

comme ma MERE quand je suis devenu interne,

comme un ECRIVAIN et son manuscrit,

comme une CEREMONIE,

comme une HORLOGE,

comme la PREMIERE FOIS, ne rien oublier,

comme la SNCF,

comme un CHEF D'ORCHESTRE,

comme une SURPRISE,

comme la VITESSE;

comme...»

«Les mots sont comme les cerises» d'un chef de service, inventaire recueilli au cours d'un séminaire de management.

Dans la phase d'exploitation qui suit la production des comparaisons, il est pertinent de s'interroger, pour dépasser la dimension ludique de l'exercice, sur les relations de chacune d'elles avec la réalité vécue et sur le sens suscité en écho.

Tours de mots

Plus difficiles à manier et à concevoir que les comparaisons, les métaphores reposent sur une interprétation ou sur une impression personnelles et à ce titre sont peu communicables. Les métaphores permettent réellement d'explorer les arcanes de l'imaginaire parfois au prix de l'hermétisme. C'est la figure favorite des écrivains et des poètes. Pour exprimer la supériorité de la métaphore sur la comparaison, Stéphane Mallarmé, poète symboliste précisait : «*Je raye le mot* comme *du dictionnaire*».

Lorsqu'il s'agit de réfléchir ou de faire le point sur une situation, la production de métaphores favorise le rapprochement d'idées et enrichit la pensée. Toutefois, pour ces raisons, celui qui s'y livre ne peut se dispenser d'une phase d'analyse ou de commentaire.

«Quand j'ai eu le premier entretien avec le directeur, je me suis rendu compte tout de suite qu'il cherchait UNE LOCOMOTIVE : il fallait tirer UN CONVOI EN PANNE depuis longtemps...».

«... mon prédécesseur était arrivé EN COUP DE VENT... le poste ne lui plaisait pas; il a expédié les affaires courantes; j'ai dû remonter LA PENTE en six mois; le directeur voulait éviter LA VALSE des chefs de service».

«... l'information était si difficile à obtenir que j'ai passé mon temps à ouvrir les dossiers au PIED-DE-BICHE...».

«... ma prise de fonction a été calamiteuse : tout le monde s'est efforcé de me COUPER L'HERBE SOUS LE PIED...».

Expressions métaphoriques tirées de discours de responsables.
Séminaire *Nouvelles fonctions et management*,
ministère de l'Agriculture.

Souvenirs! Souvenirs!

Jeu littéraire inventé par G. Perec, *Je me souviens*[1] se présente comme une suite de micro-plongées dans la mémoire de toute une génération à partir de la redécouverte de «choses communes» telles que des événements, des émotions, des faits divers, des sensations ou des impressions. Le texte de Perec s'ouvre sur un souvenir emblématique des

---

1. *Je me souviens*, G. Perec, Hachette-POL Paris, 1978.

années soixante de la vie parisienne : *«Je me souviens de Lester Young au Club Saint-Germain; il portait un costume de soie bleu avec une doublure de soie rouge[1] »*.

Dans la perspective de la prise de fonction, un cadre ou un chef de service peut trouver dans un *Je me souviens* des éléments de compréhension et d'explication du système social de l'entreprise. L'exercice est une interrogation de la mémoire individuelle qui ouvre la porte à la réflexion, à l'explication *a posteriori* ou à la confrontation d'observations à des moments différents.

Le *Je me souviens* ci-dessous est en synergie avec d'autres outils d'exploration de l'univers de la nouvelle entreprise : il complète le sociogramme par juxtaposition de faits évocateurs ou de détails significatifs dont les effets ne se font pas sentir immédiatement. Il est élaboré, en l'occurrence, à partir des observations et des perceptions issues des premiers contacts avec le nouveau contexte de travail. Ces éléments mis en relation les uns avec les autres trouvent une signification nouvelle par confrontation avec le vécu quotidien.

- L'exercice consolide le diagnostic qu'il soit immédiat ou différé : faiblesse de l'équipe de direction, déficit de communication interne, management peu structuré. Sa dimension systémique en fait un outil de vérification ou de consolidation d'hypothèses.
- En privilégiant l'évocation et l'association d'idées, il facilite, de plus, l'émergence d'idées nouvelles ou les projets de développement ou de changement.
- Enfin, selon les responsables qui y ont eu recours, il permet de se situer dans une *«attitude compréhensive et apaisée[2] »* face aux difficultés de toute nature que rencontre le cadre débutant.

---

1. Idem.
2. Témoignages de participants. Séminaire *Nouvelles fonctions et management*.

«**Je me souviens** de la secrétaire qui m'a introduit dans le bureau du directeur; manifestement, elle n'appréciait pas que j'aie obtenu un rendez-vous.

Pendant l'entretien, **je me souviens** que le directeur était souvent appelé au téléphone.

Je me souviens de mes difficultés à répondre à ses questions.

Je me souviens de son embarras quand je lui ai demandé comment fonctionnait l'équipe de direction.

Je me souviens de ce que j'ai lu sur le panneau d'information du hall d'entrée.

Je me souviens que tous les documents étaient périmés.

Je me souviens de mon premier jour : personne n'avait été informé de mon arrivée».

Je me souviens [extraits] d'un cadre d'établissement éducatif, élaboré au cours d'un séminaire de management.

Portrait d'Orient

Le portrait chinois peut constituer une mise en jambes sans trop de risques pour faire parler ses représentations : sa grande simplicité permet de nombreuses variations selon le projet de la personne. Dans le cas d'une première prise de fonction, il peut être judicieux de faire «jaillir» des associations très évocatrices sur le plan sémantique.

Le portrait chinois du responsable peut alors s'élaborer selon une douzaine d'items :

- «si j'étais un manager, je serais...
- si j'étais un boss, je serais...
- si j'étais un P-DG, je serais...
- si j'étais un capitaine d'industrie, je serais...
- si j'étais un fondateur, je serais...
- si j'étais un patron, je serais...
- si j'étais un maître des forges, je serais...
- si j'étais un homme orchestre, je serais...
- si j'étais un pionnier, je serais...
- si j'étais..., je serais...».

Le *portrait chinois,* comme d'autres techniques de créativité, sollicite des analogies produites par l'inconscient. Se prêter à l'expérience du portrait chinois dans une perspective d'exploration individuelle de ses représentations suppose de respecter quelques principes : être détendu et laisser monter en soi des images signifiantes qu'il convient ensuite de décortiquer, ne pas se censurer et ne pas chercher la rationalité.

Il n'y a pas de corrigé type. Une attitude d'explicitation «à chaud» est indispensable : il s'agit de comprendre et de relier les analogies entre elles afin de considérer la production d'ensemble. Les mots ou noms proposés véhiculent en effet des souvenirs et des expériences qui contribuent à l'émergence des représentations.

Au cours de séminaires de management, il est courant de proposer aux participants un temps de travail à partir du portrait chinois. Cette séquence poursuit un double objectif : il s'agit d'abord d'amorcer et de faciliter les échanges entre les participants et ensuite de disposer d'éléments issus de leurs représentations qui serviront d'illustrations et de références pour les échanges autour du management. Quand il est pratiqué en groupe, le portrait chinois revêt un intense contenu affectif fortement évocateur. Un participant a décidé d'élaborer un portrait chinois à partir des jurons du capitaine Haddock. Les analogies, objet de variation des participants sur le thème du management, correspondent à des situations d'opposition ou d'affrontement pour le célèbre capitaine.

COMME MANAGER,

«**si j'étais** un LOUP-GAROU A LA GRAISSE DE RENONCULE, **je serais**...,

si j'étais un PIGNOUF, **je serais**...,

si j'étais un FAUX JETON, **je serais**...,

si j'étais un FLIBUSTIER, **je serais**...,

si j'étais un BACHI-BOUZOUK, **je serais**...,

si j'étais un SACRIPANT, **je serais**...,

si j'étais un OLIBRIUS, **je serais**...,

si j'étais un NEGRIER, **je serais**...,

si j'étais un MOUSSAILLON, **je serais**...,

si j'étais un HERETIQUE, **je serais**...,

si j'étais un ZOUAVE, je **serais**...».

Ambiance «Tintin» assurée! Le matériau recueilli permet de nombreuses associations qui ouvrent sur les références de l'actualité socio-économique du moment ou à la vie des services. Elles ne peuvent donc être mentionnées. Ce portrait chinois peut être avantageusement mis en mouvement dans un groupe de responsables tournés vers les projets et le changement.

Une autre possibilité s'offre avec «Astérix» : le portrait chinois peut alors porter sur les styles ou les finalités du management :

«**si j'étais** LIVREUR DE MENHIRS, **je serais** toujours prêt à agir,

si j'étais GUERRIER...»

La créativité, encore!

Les productions issues de méthodes qui associent les ressources de la créativité et la spontanéité des jeux sur le langage peuvent être complétées et enrichies par des démarches plus intellectualistes et réflexives comme le *circept* ou *les cartes mentales*.

Le circept, c'est simple

▚ Définir le circept

Le circept[1] (concept circulaire) permet d'élaborer la définition d'un objet à partir de trois registres :

- la simple définition,
- l'analogie,
- l'expression imagée.

▚ Utiliser le circept

Comme les autres méthodes d'exploration des représentations, le *circept* est ordinairement utilisé dans les séminaires de management.

Pour Michel Fustier, le *circept* permet de réaliser l'inventaire des représentations d'un objet, *«une carte de la* terra incognita *de notre cerveau..., une sorte d'alliance entre la partie visuelle, imaginative de notre cerveau et sa partie logique, conceptuelle, organisée : et grâce à cette mise à plat de notre inconscient, je pouvais effectuer un passage extrêmement rapide du senti au verbal et du verbal au senti...».*

- Travaillé individuellement, il est un instrument de mise à plat de sa vision du management et de sa représentation de manager ;
- Son intérêt réside dans l'importance accordée à la démarche d'analogie. Chaque analogie est obtenue par une sollicitation de l'inconscient. En situation de détente et de calme, il s'agit de faire monter en soi des images, des associations, des ressemblances ou des oppositions en répondant par un maximum de propositions à chacune d'elles. Ces propositions ne sont aucunement limitatives ;
- L'exercice permet de dégager un *corpus* de termes à fort contenu affectif élaboré à partir d'expériences, de vécu, de souvenirs qui font écho au projet et à la vision de la nouvelle fonction.

---

1. L'expression et la méthode ont été créées par Michel Fustier à partir d'une pratique d'intervention en entreprise. *Le circept, Dix visions de la communication humaine*, textes réunis par J. Oudot, A. Morgon, J.-P. Revillard, Presses Universitaires de Lyon, 1981.

■ L'exemple du circept «Devenir manager»

Préparer le *circept «Devenir manager»* peut prendre la forme d'une auto-interrogation autour de trois injonctions :

DEVENIR MANAGER...		
... c'est	... ce n'est pas	... c'est comme
... une situation complexe	... être négrier	... un berger

Premières évocations d'un circept recueillies
au cours d'un séminaire de management

- *«C'EST UNE SITUATION COMPLEXE»* : cette formule présente une évaluation du degré de difficulté appréhendé dans le contexte de la prise de fonction ; elle fait référence à une approche systémique de l'entreprise. A froid, l'émetteur peut s'interroger sur sa vision du développement des interactions.

Les trois causalités de la complexité appliquées à l'entreprise illustrent pleinement cette remarque [1]:

- La causalité linéaire. Une cause produit des effets ;
- La causalité circulaire rétroactive. Toute décision doit tenir compte d'événements internes et externes ;
- La causalité récursive. Tout fait agit sur les éléments qui le produisent.

Pour Edgar Morin, la complexité caractérise l'entreprise comme organisme vivant : *«Il n'y a pas d'un côté l'individu, de l'autre la société, d'un côté l'espèce, de l'autre les individus, d'un côté l'entreprise avec son diagramme, son programme de production, ses études de marché, de l'autre ses problèmes de relations humaines, de personnel, de relations publiques. Les deux processus sont inséparables et interdépendants».*

- *«CE N'EST PAS ETRE UN NEGRIER»* : l'image de l'esclavage est souvent évoquée pour connoter négativement le management. Sa

1. *Introduction à la pensée complexe*, Edgar Morin, ESF Editions, Paris, 1994.

résonance culturelle est forte : reviennent en écho les imageries autour des lectures d'enfance, des films d'aventures, de l'histoire américaine ou coloniale. C'est l'anti-modèle par excellence : le «négrier» incarne le chef tyrannique, antipathique, borné et sans souci de ses troupes. Même si cette figure est peu valorisée dans les entreprises et les organisations, elle reste emblématique d'un management à rejeter. Elle perdure néanmoins sous la forme du management par le stress du management par la pression extrême. Le choix du terme «négrier» doit être interprété. L'émetteur peut se livrer à un autoquestionnement dont l'objectif est d'expliquer et de justifier ce choix : attitude déjà rencontrée ou subie, projet personnel à l'inverse d'une telle attitude... Il est important de s'interroger sur «l'effet repoussoir» qu'elle suggère.

- *«C'EST COMME UN BERGER» :* ici la comparaison emprunte au thème mythique du conducteur avisé, raisonnable, respectueux de ses sujets. La référence appartient à l'imaginaire commun issu de la culture judéo-chrétienne. Deux interprétations sont en jeu : s'agit-il du sens prosaïque passé dans le langage courant pour désigner le maître, le dirigeant et ses sujets ou obligés ou l'allusion concerne-t-elle le Bon Pasteur de la Bible qui sacrifie sa vie pour ses brebis à l'inverse du berger qui fuit devant le loup ? L'image du pasteur, maître d'un peuple est fréquente dans l'Orient ancien : les pharaons d'Egypte se disaient pasteurs de leur peuple[1].

Cet exemple de circept montre combien les références analogiques et métaphoriques sont personnelles. «Le circept n'est pas un instrument objectif; il est un instrument relatif qui se situe dans une société donnée, dans une classe de société donnée», rappelle Michel Fustier[2].

Néanmoins, le circept reste un outil idéal pour explorer les représentations formulées à l'aide d'expressions ou de mots isolés; il apporte par confrontation et rapprochement des explications qui permettent de préparer l'action ou de réfléchir sur le sens à lui donner.

1. Dictionnaire commenté des expressions d'origine biblique, Jean-Claude Bologne, Larousse, Paris, 1999.
2. Michel Fustier, opus cité.

La carte n'est pas le territoire

◼ Définir la carte mentale

Les cartes mentales traduisent la perception de la réalité qui est propre à chaque individu. Elles sont des aides à la créativité et à la production personnelles. Tracer sa carte mentale est un moyen de comprendre et d'approfondir sa relation au monde et aux autres. Sa facilité d'emploi en fait un outil susceptible d'être dirigé aussi bien vers des personnes, des idées ou vers soi-même. Il est donc possible de réaliser la carte mentale d'un partenaire, d'un collaborateur, d'un projet, d'une idée vue par soi ou par un tiers.

Une *carte mentale* est un puissant outil de recueil de perceptions. Il est utilisable seul ou en groupe. Il s'appuie sur la méthode heuristique qui récuse les démarches linéaires. La méthode heuristique permet d'aborder une question à partir de plusieurs références.

◼ Construire la carte mentale

C'est un exercice facile à mettre en route qui peut être interrompu dès lors que la production paraît assez consistante pour être exploitable. Il se déroule en quatre étapes :

- Noter dans une bulle considérée comme le noyau le thème, le concept, la personne, sujet de la recherche. La bulle présente l'idée principale ;
- Citer le plus spontanément possible six ou sept mots qui sont associés au terme mentionné dans la bulle ; ces mots ou expressions sont disposés en couronne autour de la bulle. Les idées secondaires s'ordonnent autour du noyau ;
- A partir de la première production, en oubliant le contenu de la bulle, associer librement d'autres termes ;
- Pour compléter la carte, une troisième couronne peut être composée.

◼ Exploiter la carte mentale

La carte ainsi obtenue, selon qu'elle se présente comme définitive ou sous un aspect brouillon, peut être exploitée telle quelle ou réorganisée à partir des mots clés qu'elle recèle. Une fois achevée, la carte mentale rend immédiatement perceptibles les relations entre les concepts.

Comme le sociogramme, elle peut être recomposée ou réactualisée à intervalles réguliers : ses différents états montrent l'évolution des représentations et l'approfondissement de la réflexion autour de l'objet ou du concept pris pour cible.

Carte mentale recueillie lors d'un séminaire pour cadres débutants

La carte mentale ne hiérarchise pas les éléments. Elle exprime un moment des pensées et des représentations. Elle n'est ni l'arbre de la vérité définitive ni un arbre généalogique.

Les jeux présentés ici ont en commun d'être conduits en référence à soi. Le responsable se met en situation de produire par association d'idées et interrogation de son imaginaire une sorte de référentiel pour l'action. Ces exercices, d'apparence superficielle pour certains, facilitent l'émergence d'une vision personnelle de l'activité professionnelle.

CHAPITRE 4

ENTRE COUR ET JARDIN

Le management est, pour l'essentiel, une affaire de communication. La parole est au cœur de l'action du manager. Homme ou femme de la parole. Homme ou femme de parole. Il n'est pas possible d'échapper à la prise de parole. Pour préparer sa prise de fonction, le cadre débutant peut adopter un scénario d'expression et de communication. Cette proposition a l'avantage de construire un projet de communication qui prend en compte d'éventuels destinataires.

Au cours de séminaires de formation au management, il est fréquent de demander aux participants, après un temps de préparation, de prononcer, selon certaines circonstances, une allocution ou un discours.

LE TEMPS DES DISCOURS

■ Faire un discours, c'est installer un dialogue

Un discours est un message oral destiné à un auditoire, mais le discours est aussi un dialogue : chaque auditeur est un élément de l'auditoire auquel il faut donner l'impression que le message s'adresse à lui seul. Communiquer avec un auditoire revient en réalité à installer un dialogue avec plusieurs partenaires.

◼ Préparer un discours

Préparer un discours, c'est travailler selon trois axes :

- Ce que l'on va dire (question : quoi?);
- La manière de dire (question : comment?);
- Quels sont les destinataires (question : à qui?).

Sans que les deux premiers points soient minorés, ce qui paraît le plus important est sans conteste la question concernant l'auditoire : à qui vais-je parler?

◼ S'exercer à prononcer un discours

Se préparer à endosser de nouvelles responsabilités peut faire l'objet d'une simulation dont l'objectif serait de prononcer un discours : étant donné la caractère solitaire de l'exercice, c'est, bien entendu, la phase de préparation et les réflexions qui y sont associées qui sont déterminantes. C'est sur la base d'un scénario simple que l'exercice doit être élaboré. Chaque situation est particulière.

◼ Les situations spécifiques de Marc et Carole

Retrouvons Marc et Carole : deux situations, deux simulations différentes. Marc, intègre immédiatement l'entreprise. Carole, ne rejoindra son ministère que dans plusieurs semaines.

Que ferait Marc s'il devait réfléchir à partir de l'information suivante : il est de tradition dans cette entreprise que tout nouveau responsable se présente et prononce un petit discours devant l'ensemble de son personnel?

Quelle serait la démarche de Carole, sachant que lors de la première réunion de l'équipe de direction à laquelle elle appartient, il lui sera demandé de se présenter brièvement?

Deux rites de même nature mais qui différent dans leurs modalités et enjeux. Carole et Marc ont à produire des communications de tonalité différentes mais qu'ils organiseront avec les mêmes principes. Toute communication suppose un but.

MARC ET CAROLE ONT DONC À DÉFINIR LE BUT QUE CHACUN RECHERCHE

Marc devra s'exprimer devant le personnel de son service. Combien de personnes seront présentes? Quels seront les différents statuts représentés? La hiérarchie sera-t-elle présente et si oui, à quel niveau? Selon l'usage, le discours du nouveau venu doit avoir quelle durée? Quelles seront les circonstances de ce discours? Quel type de comportement devra-t-il privilégier? Comment va-t-il définir l'orientation du message qu'il destine à son auditoire? Comment va-t-il déterminer l'objectif? Comment compte-t-il impliquer son auditoire?

Carole, selon toute vraisemblance, s'exprimera devant un nombre plus réduit de participants, de l'ordre de la dizaine ou de la douzaine de personnes. Le temps sera plus «serré»: il faudra dire rapidement l'essentiel et montrer surtout sur quoi et comment elle compte organiser son action.

▓ Les principes généraux à toute situation[1]

SACHEZ TENIR UN DISCOURS

- UTILISEZ des verbes d'action : la forme passive ne mobilise pas ;
- ELIMINEZ les épithètes et les propositions relatives inutiles : l'oral aime les phrases simples ; certaines propositions relatives peuvent être remplacées par des formes plus courtes ;
- RECHERCHEZ la clarté dans l'expression : bannissez les tournures alambiquées, préférez les mots simples aux mots à double sens ;
- METTEZ en relief l'idée principale ;
- EVITEZ les constructions indirectes et les formules ambiguës du type : *«je ne doute pas que vous sachiez déjà...»;*
- SUPPRIMEZ les participes présents et les adverbes.

---

1. *Le talent de communiquer*, Lionel Bellanger, Nathan, Paris, 1989.

Cet exercice, qu'il donne lieu ou non, à une prestation en situation a le mérite de placer le cadre débutant dans une situation plausible : dans la vie professionnelle, un responsable ou un chef de service a réguliè-rement l'occasion de prononcer un discours en public. Même si cette compétence s'acquiert grandement par la pratique, il est utile de s'y préparer.

Ils témoignent...
Un directeur de lycée d'enseignement technologique

«Pour prendre contact avec mon futur établissement, j'ai fait un déplacement au mois de juin. Le jour de la visite avait été déterminé avec mon prédécesseur. Il m'a fait visiter l'établissement.

Ce jour-là, il y avait une assemblée générale du personnel dans le cadre du projet d'établissement. Il m'a demandé de me présenter. J'ai improvisé un discours de dix minutes au pied levé. J'ai présenté sans aucune structuration les grands traits de ma carrière et j'ai cru bien faire en disant que j'étais favorable à la démarche du projet d'établis-sement. En fait, je n'étais pas très à l'aise. Je ne sais pas ce qu'en ont pensé les auditeurs mais il aurait mieux valu que je sois prévenu pour mieux ajuster l'attente que les gens avaient de me connaître puisque j'allais diriger l'établissement l'année suivante».

Ce travail de préparation à une éventuelle prise de parole en public peut être doublé par une forme plus ludique de réflexion. A la manière des exercices de style de Raymond Queneau, le débutant peut aborder la situation de communication au moyen de questions qui permettent d'installer de la distance avec la réalité professionnelle.

■ S'essayer à varier les niveaux de langage du discours

Il s'agirait, par exemple, de proposer de produire le même discours mais avec des niveaux différents de qualité de langue orale.

Généralement, cinq niveaux de langue (oratoire, soutenu, médian, familier et relâché) sont déterminés. *«Si j'avais à faire un discours pour des publics différents, je définirais mon message de la façon suivante.... ».*

Niveaux de langue	Caractéristiques	Situations de communication
Oratoire	Recherche d'effets	Discours à l'occasion d'un événement important
Soutenu	Recherche de précision et d'originalité	Conférence ou communication savante dans un cadre universitaire
Médian	Langue commune et français standard	Evénement interne
Familier	Langue peu surveillée	Communication entre pairs
Relâché	Ecarts par rapport à la syntaxe correcte	Communication non officielle

▓ Etre conscient des dérives de la «vidéo miroir»

Parmi l'ensemble des exercices et jeux de créativité mentionnés précédemment, l'entraînement à la prise de parole et à la mise en scène de soi nécessite la présence d'un tiers qualifié surtout en cas d'utilisation d'enregistrement vidéo.

Yves Bourron[1] met en garde sur les risques de l'effet «miroir» inhérents aux pratiques d'enregistrement vidéo à des fins d'amélioration comportementale. La vidéo offre une confrontation avec l'image de soi : toute simulation «sauvage», comme l'auto-enregistrement, est source de risques importants pour celui qui s'y soumettrait. Elle doit être accompagnée ou encadrée.

Trois dérives contre-productives importantes de la «vidéo miroir» méritent d'être précisées :

- Premièrement, cette pratique incite à se voir tel qu'on est et non comme l'on voudrait être : le décalage entre l'image perçue, décodée et ce que l'on croyait découvrir peut être particulièrement destructeur;
- Le deuxième risque est celui de la tentation de se voir et de s'analyser en référence avec les images, très élaborées, de la télévision;
- Le troisième risque est celui d'être confronté à un modèle extérieur comme celui véhiculé par des personnalités réputées charismatiques ou, plus prosaïquement, par des figures de l'entreprise.

---

1. *Se voir en vidéo*, Yves Bourron, Paris, Editions d'Organisation, 1990.

La prise de fonction est par essence une période de fragilisation, de remise en cause et de débat intra-personnel : il importe donc de ne pas renforcer ces états par des exercices maladroits. L'autoscopie doit s'accompagner, rappelle Yves Bourron, d'une verbalisation et d'une analyse du matériau produit. Le simple visionnement est insuffisant pour opérer une prise de conscience ou une évaluation des fragilités et des points forts.

APPROCHER LA COMMUNICATION INTERPERSONNELLE PAR LA PNL

Dans cette perspective de préparation à une prise de parole ou de mise en scène de soi, la PNL[1] («Programmation» pour organisation personnelle interne, «neuro» pour perception sensorielle et «linguistique» pour moyen de communication) peut apporter des éléments de soutien et aider à l'identification des processus émotionnels.

■ La PNL possède trois dimensions

Ces trois dimensions éclairent d'un jour nouveau les pratiques de communication interpersonnelle :

- La dimension «programmation» fait référence aux processus de pensée que chaque individu met en œuvre dans ses pratiques de communication ou lors de prise de décisions ;
- La dimension «neuro» permet de comprendre comment s'opère pour chacun le traitement interne des informations reçues par les cinq sens ;
- La dimension «linguistique» s'appuie sur le décodage des comportements verbaux et non verbaux des autres afin de vérifier le sens à donner aux observations et hypothèses réalisées.

---

1. *La programmation neuro-linguistique, des techniques nouvelles pour favoriser l'évolution personnelle et professionnelle*, Alain Cayrol et Patrick Barrère, Paris, Editions ESF, 1986.

▨ Comprendre les situations de communication par la PNL

La PNL invite à comprendre plus qu'à interpréter les situations de communication auxquelles nous sommes confrontés.

Définie rapidement, la PNL est plus un modèle qu'une théorie psychologique qui permet de comprendre comment fonctionnent nos processus de construction de la réalité. Elle aide à prendre conscience de ses propres ressources. L'axiome premier de cette approche systémique de la communication se résume à la formule, *La carte n'est pas le territoire*.

CINQ POSTULATS POUR COMMUNIQUER EFFICACEMENT DANS LA VIE PROFESSIONNELLE

1. **Toute communication est une quête de sens** : chacun est responsable de ses communications. Les messages sont singuliers, non standardisés et adaptés à nos interlocuteurs. Nos messages sont faits pour les autres en tenant compte des réponses verbales et non verbales. Le comportement adopté concorde avec le projet de communication. Chaque communication est attachée à un but.

2. **Chaque personne porte en elle les ressources nécessaires pour atteindre ses objectifs**. Se fixer un objectif, c'est repérer les ressources nécessaires pour aboutir. Les ressources peuvent ne pas être identifiées ou reconnues : il est nécessaire de découvrir comment y accéder, comment les rassembler et comment les utiliser.

3. **Tout événement est source d'informations** : toutes les expériences vécues, épreuves, échecs ou réussites sont à comprendre comme des apprentissages. Chaque situation est une occasion qui doit être envisagée avec une disposition d'esprit positive favorisant l'adoption de comportements plus efficaces et plus adaptés dans d'autres circonstances.

4. **Chaque comportement est fondé sur une intention positive :** cette intention n'est pas toujours clairement perçue. Des comportements inadaptés peuvent en effet contredire l'action. Il est nécessaire de distinguer intention et comportement.

5. **Le pouvoir sur une situation est fonction des choix :** il est plus facile de contrôler une situation si nous disposons de nombreuses possibilités de décisions. *«Gouverner, c'est choisir»* aimait à rappeler Pierre Mendès France. Il convient de déterminer une méthode adaptée à chaque situation. La prise de décisions découle d'un travail sur les choix possibles préalablement réfléchis.

■ Mobiliser ses ressources pour affronter une situation perçue comme défavorable

Selon Bandler et Grinder[1], fondateurs et vulgarisateurs de la PNL, les expériences accumulées par une personne sont considérées comme des ressources utiles, mobilisables quand les circonstances le demandent. La PNL a développé des techniques d'accès aux ressources (évocation d'un souvenir récent ou passé dans lequel se trouvent un état interne ou une émotion) qui permettent de récupérer rapidement l'énergie enfouie ou refoulée afin de l'utiliser dans toute situation éprouvante ou stressante.

Dans les moments critiques de la prise de fonction où l'observation des autres peut vite devenir source de difficultés, la recherche d'excellence dans la communication passe par la sollicitation de ressources qu'il faut transférer dans de nouveaux contextes. C'est la capacité d'association d'un stimulus externe à une réponse interne qui est recherchée : l'objectif est d'installer un lien entre un contexte et une situation bien repérée et les ressources nécessaires pour être à l'aise dans ce contexte.

Ce type de travail est défini par les praticiens de la PNL sous la dénomination d'ancrage des ressources. Ces mécanismes fonctionnent en quelque sorte comme la madeleine de Marcel Proust qui permet de faire revenir à la conscience des souvenirs particulièrement agréables. Pour la PNL, toute épreuve constitue un apprentissage qui n'aurait jamais eu lieu si l'événement ne s'était pas présenté.

L'exercice *d'auto-ancrage ou récupération de ressources* aide à installer en soi des attitudes et des sensations positives en vue d'affronter une situation estimée *a priori* défavorable ou désagréable. Cette technique permet de maîtriser les difficultés que l'on peut rencontrer dans la vie quotidienne ou en situation professionnelle.

■ Renforcer ses ressources est réalisable

Un travail de renforcement de ressources peut se construire selon une progression dont les différentes phases doivent être conduites à partir d'objectifs précis et avec une grande rigueur méthodologique. Fréquemment utilisée dans les séminaires de développement personnel,

---

1. *Les secrets de la communication*, Richard Bandler, John Grinder, Editions Le Jour, Québec, 1982.

© Éditions d'Organisation

cette technique est citée, avec des variantes plus ou moins élaborées, dans la plupart des manuels de vulgarisation de la PNL[1]. Il s'agit d'une «travail» sur soi : il est préférable de l'aborder dans un lieu calme où il est possible de se sentir à l'aise.

Evoquer ses ressources

Cette évocation de ressources peut suivre le cheminement suivant :

- En prévision d'une difficulté à venir, identifier la ressource qui paraît nécessaire à la situation nouvelle (exemple : besoin de confiance en soi, sentiment de réussite ou désir d'être «à la hauteur», attention tournée vers les autres, paix intérieure...) ;
- Choisir un geste discret, une attitude corporelle qui rassurent mais qui ne sont pas familiers ;
- Retrouver deux ou trois situations de communication ou expériences où cette ressource était présente ;
- Revivre une de ces situations en retrouvant son environnement (lieu, décor, personnes), ce qui était perçu (paysage sonore, bruits, voix mots), ce qui était ressenti à ce moment-là (sensations physiques externes et internes), compléter éventuellement par d'autres informations (odeurs, goût, gestes), se laisser conduire par ces perceptions afin de retrouver les sentiments et émotions de la situation ;
- Reproduire le geste sélectionné quand les émotions de la situation choisie sont pleinement retrouvées. Retenir ces émotions pour s'en imprégner ;
- Quitter l'évocation puis vérifier si l'état «ressource» resurgit. Dans la négative, reproduire la démarche ;
- Imaginer la situation à venir : réfléchir à la manière d'intégrer la ressource dans le plan d'action.

---

1. Voir Alain Cayrol, Patrick Barrère, ouvrage cité plus haut ; *Comprendre la PNL, La programmation neurolinguistique, outil de communication*, Editions d'Organisation, Paris, 1992.

Managers, osez !

Ce type d'exercice permet à toute personne d'affronter les difficultés à partir de ses propres ressources : la plupart des difficultés ne viennent pas d'une absence de ressources mais d'un mauvais repérage ou d'une mobilisation insuffisante. Il est possible de maîtriser seul cette technique.

Alain Cayrol et Patrick Barrère[1] soulignent que la PNL ne propose pas une explication des difficultés vécues mais un autre éclairage : «*La stratégie proposée par la PNL ne consiste pas à analyser les raisons psychologiques d'une difficulté, ni de tenter d'en mettre à jour une possible origine historique, mais à montrer à l'intéressé comment prendre appui sur ses ressources pour changer*».

Par l'approche nouvelle du changement qu'elle propose et par la grande facilité d'accès à des outils pragmatiques, la programmation neurolinguistique se révèle être un auxiliaire précieux pour tout responsable en situation d'évolution professionnelle. Elle permet d'observer, de s'observer et d'agir.

Passer de l'autre côté du miroir

Carole et Marc accèdent aux fonctions d'encadrement à la suite d'un recrutement. C'est une nouvelle étape dans un parcours : que ce soit par choix ou par nécessité, la nomination à un poste de responsable entraîne une intense réflexion et une introspection qui peuvent vite se transformer en malaise ou en une suite de doutes. Bien des cadres lorsqu'ils évoquent leurs débuts disent avoir connu une impression d'ignorance totale, une angoisse de ne pas savoir installer les changements indispensables, une crainte de ne pas motiver l'équipe sur les objectifs fixés.

---

1. Alain Cayrol, Patrick Barrère, ouvrage cité.

◼ La promotion interne fragilise le nouveau chef

Si vous devenez responsable par promotion interne vous serez bien sûr saisi des mêmes doutes et des mêmes questions, enrichis des difficultés à gérer le regard que portent les collègues sur vous. Votre nouvelle position engendre des représentations que vous ne soupçonniez pas. Le langage commun abonde en expressions qui illustrent cette difficulté et qui désigne l'état antérieur comme un véritable âge d'or ! C'est sur la dimension relationnelle que le nouveau chef est fragilisé, c'est d'ailleurs là qu'il est le plus souvent attaqué. Le deuil des relations dans le service devient l'enjeu primordial pour le nouveau promu.

◼ Réagir au plus vite

Dans cette situation, trois dispositifs d'action doivent être vite installés.

- Assumez pleinement votre statut de chef
Sans autoritarisme désuet ou maladroit, la première de vos convictions est de montrer que vous assumez pleinement votre statut de responsable. Pour être dans le rôle du chef, il faut que vous soyez convaincu de vos capacités à l'assumer. C'est donc la confiance en soi qu'il faut cultiver ! Rien de mieux pour la doper que de travailler sur les ébauches de projets pour le service ou l'entreprise, exposées lors du recrutement. C'est le moment de concrétiser les analyses et d'avancer les scénarii que vous mûrissez depuis des semaines.
C'est votre nouvelle fonction qui légitime votre autorité et non le contraire. Il faut accepter la seconde comme une condition d'exercice de la première.

- Légitimez votre nouvelle position
Montrer que votre nouvelle position dans l'entreprise amplifie votre maîtrise des dossiers : non seulement vous connaissez vos collaborateurs mais vous êtes en mesure d'individualiser votre management. Progresser par la promotion interne est à la fois un atout et un handicap :
  - L'atout, c'est votre bonne connaissance de l'entreprise, ses rouages, ses forces et ses faiblesses ;
  - Le handicap ou le risque, c'est que vous êtes «issu du rang» donc bien connu des uns et des autres, et à ce titre votre légiti-

mité peut également ne pas être reconnue. L'hostilité peut même être au rendez-vous.

- Installez un climat relationnel serein

Même dans le pire des tourments, il est fondamental d'installer un climat relationnel le plus apaisé possible. Votre nouvelle position risque de réveiller chez certains des tensions et de faire émerger les traits les plus caractéristiques des personnalités dites difficiles. Pour François Lelord et Christophe André[1], psychiatres, la souffrance, c'est ce que l'on peut rencontrer mais aussi produire chez autrui.

Les auteurs déterminent une vingtaine de comportements pathologiques à partir de leurs pratiques et de leurs observations. Une personnalité est, selon eux, difficile quand certains traits de caractère sont fortement marqués ou figés et par conséquent, se révèlent inadaptés aux situations. Les attitudes et les comportements d'une personne, dans leurs perspectives, sont déterminés par des croyances fondamentales élaborées dès la petite enfance. Ils préconisent de chercher à comprendre ces personnalités et d'adapter un style de communication et un comportement conformes aux attentes et aux besoins de ces personnalités. Elles doivent être acceptées *«en tant qu'être humains»* tout en se préservant de leurs influences néfastes. *«Elles n'ont sûrement pas choisies d'être des personnalités difficiles. Mélange d'hérédité et d'éducation, elles ont développé des comportements qui ne leur réussissent pas souvent et on peut penser qu'elles n'en sont pas complètement responsables. Qui choisirait librement d'être trop anxieux, trop impulsif, trop méfiant, trop dépendant des autres ou trop obsédé par les détails?».*

---

1. *Comment gérer les personnalités difficiles*, François Lelord, Christophe André, Editions Odile Jacob, Paris, 2000.

© Éditions d'Organisation

Ils témoignent...
Martine, attachée d'administration scolaire
et universitaire

«J'ai été nommée chef de service après avoir réussi un concours interne d'attachée. J'avais prévenu le proviseur et l'inspection que je renoncerais au bénéfice du concours si je n'étais pas maintenue dans le poste en raison de l'impossibilité de mon mari, médecin libéral, à quitter la région. C'est donc en connaissance de cause que j'ai demandé à être nommée sur place puisqu'il y avait une opportunité à ce moment-là. Je savais que ce serait difficile mais pas au point que j'ai vécu. Sans que ce soit franchement hostile, j'ai très vite senti que ma promotion sur place n'était pas bien perçue par mes anciennes collègues devenues mes subordonnées. Je suis passée pour ambitieuse, prête à tout et sans état d'âme. Ce qui m'a fait le plus mal, c'est qu'on ait essayé de m'isoler, les secrétaires, mes anciennes copines, faisaient silence quand j'arrivais dans le bureau. Les réponses à mes questions, c'était oui, non! Il y avait de l'autre côté le proviseur qui pensait que je faisais un complot avec le personnel. Il m'a fallu un an pour rétablir la confiance et la communication de chaque côté. Dans ces moments-là, il important de pouvoir compter sur son entourage, on a besoin de parler et de se faire guider».

DIX PETITS CONSEILS AVANT L'AUTOROUTE!

Obtenir une promotion, devenir chef sans changer d'entreprise, être recruté comme Carole ou Marc, c'est entrer dans de nouvelles logiques sociales et professionnelles. C'est affronter autrement le regard des autres. La prise de fonction est une opération complexe qui nécessite une double approche : il faut, en effet, savoir se rendre totalement disponible à sa nouvelle entreprise et s'interroger en même temps sur ses représentations.

Qu'est-ce qu'un chef? Comment vais-je asseoir mon autorité? A quoi reconnaît-on le charisme? Qu'est-ce qui différencie le chef du leader? Le statut est-il une garantie pour s'imposer dans de nouvelles fonctions? Suis-je suffisamment expert pour diriger l'unité ou le service? Débuter présente un côté *Pêche en eaux troubles* : il faut investir beaucoup de temps sans que le résultat soit assuré.

Dix rappels pour faciliter la vie quand on est confronté à un changement professionnel. Mais l'inventaire, (pas le classement hiérarchisé)
est bien dérisoire tant la liste pourrait s'allonger !

La politique de ressources humaines n'est pas faite seulement de techniques

Elle repose sur des valeurs qui gagnent à être partagées alors que souvent elles sont plaquées de la hiérarchie. Ce qui compte, c'est que ces
valeurs trouvent un écho et prennent un sens pour le plus grand nombre de salariés. En toute circonstance, ces valeurs doivent être mon-
trées de préférence en action, se lire dans les décisions et apparaître
dans les communications.

Consacrez du temps à la réflexion si vous êtes débutant

En effet, le «néo» a tendance à commettre deux erreurs : soit il fonce
sans regarder ni à gauche ni à droite, soit il hésite et cherche à développer d'abord de bonnes relations avec le personnel. Dans le premier
cas, c'est le syndrome de la tête dans le guidon. Le risque est de heurter
les habitudes, les sensibilités et les susceptibilités. Dans le second cas,
le débutant n'ose pas endosser ses habits neufs et affiche un profil bas.
C'est vous le chef : ajustez le comportement avec le statut.

Promotion interne : prudence !

Si vous bénéficiez d'une promotion sans mobilité vous ne devez pas
oublier que vos nouveaux subordonnés sont vos anciens collègues.
Certains ont pu nourrir l'idée d'être nommés à votre place. Dans cette
configuration, il faut prendre garde à tout signe annonciateur de
conflit. Votre nomination peut générer des rancœurs, de l'amertume,
susciter des envies ou des critiques. Dans tous les cas, c'est une attitude
compréhensive, respectueuse des sentiments éprouvés et souvent
manifestés qui sera la meilleure garantie de succès.

Changement : éloge de la lenteur

La première démarche de la prise de fonction consiste à observer le fonctionnement des différents groupes qui composent l'unité ou le service. Quelles que soient vos intentions à court ou à moyen terme, vos arrière-pensées, quels que soient vos objectifs ou ceux qui vous sont assignés, ne cherchez pas à changer les habitudes de travail. Votre image serait celle d'un impulsif ou d'un improvisateur. Au contraire : efforcez-vous de recevoir vos collaborateurs en entretien individuel afin d'évaluer le climat général du service et d'échanger sur les missions de chacun d'entre eux. L'attitude d'écoute active est la plus adaptée à cette période. Prenez le maximum de notes, consultez les dossiers, observez les communications : toute cette masse d'informations vous sera précieuse pour préparer vos premières décisions.

Heureux qui communique !

Restituez vos observations et esquissez vos projets. Au terme de votre observation, il est important de ne pas laisser la communauté de travail sans retour d'informations. En effet, vos collaborateurs vous ont livré leurs préoccupations, leurs points de vue, leurs questions : ils attendent de votre part une synthèse de ce que vous avez recueilli ; ils ont envie de connaître vos projets et votre approche du management. Le dialogue peut s'amorcer. La démarche de rétroaction peut constituer une étape dans les cent jours unanimement reconnus comme le délai nécessaire pour prendre pleinement de nouvelles fonctions.

Le débutant apprend en faisant

Adoptez un comportement sans équivoque. C'est parce que vous aurez une idée précise de vos fonctions, de ce qui est attendu de vous, que votre comportement sera perçu sans faux-semblants. En tant que débutant, vous êtes ignorant ! Ne feignez pas de connaître toutes les modalités de fonctionnement de l'entreprise. Choisissez un comportement sans masque : le débutant autoritaire, distant, soupçonneux ne se place pas dans les meilleures conditions de réussite.

Le débutant n'est pas timide

Communiquez avec votre hiérarchie dès que vous en ressentez la nécessité surtout si le management de votre entreprise est plus centré sur l'élaboration de projets et l'atteinte d'objectifs que sur l'encadrement. En effet, le management des organisations en réseau privilégie des formes de suivi et de régulation plus qualitatives que quantitatives. Développer des pratiques de communication permet de renforcer l'adhésion aux valeurs et à la culture de l'entreprise.

Votre unité est un système

Pensez seul à la stratégie mais agissez en chœur avec les salariés ou agents du service. Une difficulté à surmonter? Décidez... mais sans précipitation. Respectez une règle absolue : ne pas heurter les gens en place. Dans cette période de fragilité où l'on peut si facilement échouer ou réussir avec brio, la prudence invite à travailler avec les procédures d'usage sans attenter aux valeurs des personnes. Vous voulez reconsidérer les délégations? Travaillez à une recomposition de l'ensemble du dispositif, et justifiez votre démarche à partir des projets ou des évolutions en cours.

Des instruments pour naviguer

Inventez des indicateurs de gestion et de management en conformité à vos projets et vos perspectives. Il ne s'agit pas de contrôler et de vérifier, mais de suivre et de comprendre votre nouveau contexte. Pour les collaborateurs, évitez de diffuser des tableaux de bord sophistiqués trop coûteux en temps : ils seraient vite ignorés de ceux pour lesquels ils étaient destinés.

Je débute, j'écoute

La prise de fonction fait naître de multiples interrogations. Une écoute amie et complice peut être nécessaire. Le dirigeant dans ces circonstances a besoin d'un espace de parole et d'écoute. Rechercher un tiers hors du service ou de l'entreprise, un proche qui occupe des fonctions similaires ou qui a vécu récemment une évolution de carrière facilite la réflexion et la prise de distance par rapport à la pression psychologique du changement.

Coda

Un onzième conseil complète les dix précédents ! Osez surprendre, il en restera toujours quelque chose, aujourd'hui ou plus tard. Point de règle, point de recette : il faut saisir l'instant dans sa dimension magique. Gardez l'humour en réserve dans la poche revolver mais tous les coups ne sont pas permis. Attention aux balles perdues et aux formules bien frappées qui reviennent en boomerang !

CHAPITRE 5

RADIOSCOPIE DE LA NOUVELLE ENTREPRISE

–

LES TROIS S DE L'ACTION

Quels que soient son statut et sa finalité, votre nouvelle entreprise est un système qui présente trois dimensions majeures non hiérarchisées. Les salariés vivent en situation d'interdépendance. Leurs relations sont plus ou moins régulières. Il est demandé à chacun de se reconnaître dans les valeurs en vigueur et d'y adhérer. A chacune de ces dimensions correspond un domaine sur lequel le cadre débutant doit porter un diagnostic. Les diagnostics sont de nature structurelle, stratégique et sociale. Ils sont en interaction.

Au moment de leur prise de fonction Carole et Marc doivent explorer chaque domaine afin de repérer les déterminants spécifiques de chacun d'eux. Les observations, les entretiens formels ou informels, les lectures (presse, documents internes...) sont à considérer comme des éléments vivants dont il faut exploiter toute la richesse. A la phase de recueil d'information et de documentation succède le temps de l'analyse.

S POUR DIAGNOSTIC STRUCTUREL

Votre entreprise est unique. Soyez-en persuadé. La théorie de la convergence qui voudrait que des standards d'organisation puissent s'appliquer à toute forme d'entreprise a fait long feu. C'est la diversité des pratiques qui permet à chaque entreprise de se singulariser. Le modèle normatif reste le fantasme des consultants ou des décideurs agrippés à leurs certitudes. Pour installer une démarche compréhensive, le responsable débutant doit résister à la tentation des explications faciles.

La compétence première d'un responsable est de comprendre, d'affronter les événements qui se présentent, de faire partager la réalité externe (le marché, les concurrents, les tendances) et la réalité interne (le système humain) de l'entreprise ou du service. Les outils de description et d'analyse font la différence.

Du côté des sciences sociales

Les sociologues des organisations analysent l'entreprise comme une structure formelle dont les règles de fonctionnement sont adaptées aux contraintes de leur activité[1]. Ces règles affichent des marques de cohérence entre elles. Des tensions sont mises à jour quand les pratiques entrent en contradiction avec les règles, les usages et les finalités de l'entreprise.

L'entreprise ou le service sont construits sur des rapports de pouvoir et de négociation entre les acteurs et les groupes sociaux. Le fonctionnement réel est dépendant de la stratégie et des jeux mis en mouvement par les acteurs. Il y a toujours «écart» entre ce que souhaite l'organisation et ce que proposent les acteurs.

1. I. Francfort, F. Osty, R. Sainsaulieu, M. Uhald, *Les mondes sociaux de l'entreprise*, Desclée de Brouwer, Paris, 1995.

Toute organisation diffuse une culture et contribue, dans le même temps, à la construction d'identités et de cultures collectives et individuelles. C'est pourquoi chaque acteur affecte un sens personnel à sa contribution à «l'œuvre commune» ou mobilise ses valeurs pour adhérer aux choix et aux décisions de l'entreprise.

▊ Réaliser le diagnostic structurel de l'entreprise en recherchant les indices de tension

Quatre catégories d'indices de tension permettent de réaliser «à main levée» un diagnostic structurel utile à la prise de fonction :

- Indices de tension relatifs à l'environnement
  Fragilité des liens économiques avec les partenaires, image altérée auprès des décideurs, conflits avec d'autres institutions...

- Indices de tension relatifs aux modes d'organisation et de gestion
  Conditions de travail difficiles pour tout ou partie du personnel, absentéisme, revendications sur les modes de rémunération, conflits sociaux récents ou en gestation, relations difficiles...

- Indices de tension relatifs à l'identité et à l'engagement des salariés
  Expression du manque de reconnaissance de la hiérarchie, climat délétère dans l'unité ou le service, signes de démotivation, attitudes de soumission, de retrait, relations difficiles en interne...

- Indices de tension relatifs à l'exercice du pouvoir à différents niveaux
  Connotations négatives de l'exercice des responsabilités, valorisation des décisions stratégiques au détriment des décisions «de terrain», acteurs mis en dépendance, refus d'engagement personnel de l'encadrement supérieur, insatisfaction des acteurs, conflits...

En approchant une organisation, il s'agit donc pour en saisir le fonctionnement de mobiliser trois axes d'observation :

- Repérer les indices de tension et les analyser en tenant compte de leur contexte d'émergence et en considérant les interactions qu'ils entretiennent entre eux ;

- Observer si les points sensibles concernent les mêmes catégories d'acteurs dans le service ou dans l'entreprise ;
- Vérifier si les orientations du management sont en cause.

■ Classer et identifier les indices de tension

La grille d'analyse ci-dessous utilisée pour le diagnostic dans les grandes organisations montre comment classer et identifier les indices de tension[1].

Environnement		Fonctionnement		Malaises		Exercice de l'autorité	
interne	externe	modes d'organisation	modes de gestion des salariés	entre les groupes sociaux	entre les salariés	l'autorité est incarnée et acceptée par la hiérarchie	la hiérarchie a une connotation négative du pouvoir

Identifier les points de tension : dépersonnalisation du pouvoir, marge de manœuvre des cadres de proximité, relations difficiles à l'intérieur ou avec les partenaires de l'extérieur.

Une entreprise où il fait bon vivre ?

Les mouvements de personnels sont constatés dans de nombreux secteurs d'activité. Les jeunes diplômés ne découvrent pas le monde du travail avec la même intensité que les générations précédentes. L'adhésion aux valeurs de l'entreprise est plus difficile que par le passé. Les débuts de carrière sont souvent chaotiques. Le déficit de fidélité est à rechercher du côté des organisations.

■ Les entreprises ont affaibli le lien de fidélité avec leurs salariés

Les entreprises ont affaibli jusqu'à l'extrême le lien juridique en multipliant les contrats de travail précaire. Les mécanismes de fusion-acquisition ont abouti à la figure de l'entreprise étendue, aux frontières floues et incertaines. De nouveaux modes de travail comme le télétra-

---

1.I. Francfort, F. Osty, R. Sainsaulieu, M. Uhald, ouvrage cité.

© Éditions d'Organisation

vail ou les emplois nomades modifient en profondeur le rôle et les leviers de contrôle du management. De nombreuses prestations ne sont plus mesurables avec des outils traditionnels (contrôle quantitatif, contrôle du temps de travail) mais avec des indicateurs nouveaux spécialement adaptés à l'activité. De nouveaux métiers émergent pour lesquels le remplacement d'un démissionnaire devient un casse-tête pour l'entreprise. Dans la fonction publique, nombre de nouveaux agents ne se reconnaissent pas dans les valeurs traditionnelles qui caractérisent les services de l'Etat : les démissions de débutants ne sont plus exceptionnelles comme elles pouvaient l'être par le passé.

▓ Le salarié est reconnu uniquement pour son activité productrice

Dans ces conditions, la durée de vie dans l'entreprise ou dans l'administration conditionne l'engagement des salariés. Plus que le recrutement ou la carrière, c'est la motivation des débutants que l'entreprise doit gérer alors même que chacun d'eux veut déterminer le niveau de la contribution qu'il offre et veut négocier la rétribution qu'il souhaite obtenir. La qualité de l'engagement des salariés est altérée par l'absence de reconnaissance ou une reconnaissance estimée trop faible par rapport à la contribution apportée.

C'est par l'attachement au métier que se construit l'identité professionnelle. De plus en plus, le lien entre l'entreprise et la personne est remplacé par une relation privilégiée avec l'activité. Cette dérive concerne aussi la fonction publique : les projets de service ou d'établissement marquent le pas. Ils ne suffisent plus à mobiliser et à être perçus comme des outils de socialisation.

▓ L'entreprise ne mobilise plus

Le lieu de travail, entreprise ou service, est considéré comme le cadre de l'activité professionnelle. C'est un espace de communication où se construisent les compétences et s'élaborent toutes les transactions avec les partenaires internes et externes du réseau professionnel. La nature du travail et surtout son évolution renouvellent et enrichissent l'identité au travail. La gestion par projet, le management de projets, les équipes temporaires modifient en effet l'engagement des interlocuteurs et des collaborateurs. Le travail est entendu comme un processus d'élaboration collective qui constitue pour chacun un parcours unique.

◼ Mesurer la stabilité du personnel sur une période

Dans ces conditions, les évolutions du personnel d'une entreprise ou d'un service sont à examiner avec discernement. Avant de commenter des faits qui semblent parler d'eux-mêmes, il est important de consolider le raisonnement par l'examen de données diverses. Pour mesurer la stabilité du personnel sur une période, il faut considérer la relation arrivées/départs pour chaque année.

Tout responsable débutant doit examiner avec attention le «taux de survie» du personnel dès l'année du recrutement. Il y aurait avantage à consolider les chiffres bruts par des explications au cas par cas. La consultation des archives ou la sollicitation de la direction des ressources humaines peut livrer des informations utiles. Les raisons des départs doivent être connues et analysées. Comment réagit l'entreprise? Que fait-elle pour accompagner les recrutements? Existe-t-il «un marketing social» destiné à favoriser l'intégration et donc la stabilité de l'emploi? Quel est le pourcentage de la masse salariale consacré au budget formation? La lecture du bilan social peut apporter d'utiles précisions au diagnostic.

Le tableau ci-dessous permet de comparer les entrées et les sorties, de mettre en évidence les départs qui coûtent cher à l'entreprise lorsque la période de travail ne permet pas le retour sur l'investissement du recrutement. Il peut être complété par le calcul des «restants» après 3, 7 ou 10 années de présence.

an. entrée	entrées	Présents	%	Année de sortie												
				n+12	n+11	n+10	n+9	n+8	n+7	n+6	n+5	n+4	n+3	n+2	n+1	en cours
n-12	14	2	14%		8	2									2	
n-11	22	4	18%			4	2	2	2				2	4	2	
n-10	22	6	27%			2		2	2	6				2	2	
n-9	18	6	33%						4	2			2	2	2	
n-8	14	4	29%					2	4	2				2		
n-7	22	4	18%						2		6	6	4			
n-6	32	8	25%								4	12	2	2	4	
n-5	16	10	62%								2				2	2
n-4	34	16	47%									6			6	6
n-3	18	16	89%										2			
n-2	30	26	87%										2			2
n-1	36	28	78%											2		6
en cours	34	34	100													
				0	8	8	2	6	14	10	12	24	14	14	20	16

Récapitulatif Entrées/Sorties sur 12 ans : les cases grisées signalent les départs coûteux pour l'entreprise (2/3 ans selon les fonctions)

Et ceux qui restent...

■ Motiver est l'objectif de tout manager

Etrange alchimie que la motivation : elle est souvent absente là où les managers sont persuadés de la rencontrer. Elle n'est jamais acquise : entretenir la flamme et «montrer l'étoile» sont le *credo* des managers. La motivation peut se fabriquer mais sa qualité n'est pas immuable.

C'est un produit volatil. Elle doit être appréhendée comme une transaction. Le comportement de la hiérarchie influence les salariés et joue sur la manière avec laquelle ils évaluent la qualité de leur travail.

L'analogie de l'entreprise avec la classe n'est plus à démontrer. C'est la qualité du management qui produit l'essentiel de la performance comme la relation pédagogique suscite l'intérêt de l'élève. Des éléments exogènes comme le salaire, la notoriété de l'entreprise et de ses dirigeants ne sont pas déterminants.

Des études et des recherches le confirment

La motivation des salariés dépend des relations entretenues avec la hiérarchie de proximité.

Pour réussir, le responsable débutant doit tenir compte des attentes les plus fréquemment exprimées par les salariés. Ces attentes sont ressenties comme des besoins fondamentaux dès lors que les salariés en repèrent l'absence ou l'insuffisance.

■ Optimiser la motivation

La motivation est optimisée, l'engagement est fort quand les principales attentes des salariés sont satisfaites. Quelles sont-elles?

- Être informé précisément et régulièrement sur ce qui est attendu du travail ;
- Recevoir les marques de reconnaissance qui découlent des réalisations ;
- Être digne d'intérêt en tant qu'individu et en tant que salarié ;
- Être encouragé dans ses projets de développement professionnel et personnel ;
- Pouvoir exprimer ses opinions et les voir prises en compte ;
- Montrer dans toute réalisation l'intention de se perfectionner.

Observez et réagissez

En prenant ses fonctions, le néophyte s'apercevra vite si ces préceptes sont respectés. Il n'y a pas d'alternative : présentes, il faut s'en saisir et les consolider; absentes, il faut les mettre en œuvre.

Temps de travail et motivation

Le diagnostic de la motivation de ses collaborateurs n'est pas une mesure standardisée. Si les relations au travail et à l'entreprise sont d'une importance majeure, la «durée de vie» dans un poste est un élément que le débutant doit considérer avec attention.

Le tableau ci-dessous montre l'évolution de la motivation selon la durée d'occupation de chaque poste.

	Durée	Caractéristiques	Engagement du salarié	Management
Phase 1 Le temps de la découverte et de l'apprentissage	de 8 à 12 mois	période de tâtonnement (cf. la naïveté du débutant)	intense	phase d'investissement pour l'entreprise
Phase 2 Implication maximale	de 2 à 3 ans (année n+1 à n+2/3)	période de grand investissement	intense et productif	participation à des projets
Phase 3 Implication / Détachement	2 ans (années n+3 à n+5)	période à risques pour l'entreprise et le salarié phase de capitalisation des acquis de l'expérience	ambivalence du salarié détachement	période propice à la mobilité interne ou au changement d'orientation
Phase 4 Détachement	de 1 à 5 ans (années n+4 à n+10)	installation dans la routine	faible motivation peu ou pas d'engagement, laisser-aller	proposition de nouvelles responsabilités

Pour être pertinent, le diagnostic du débutant ne peut laisser de côté la relation motivation/durée de vie dans l'entreprise. L'ancienneté d'un collaborateur dans son poste exige que le management intègre cette contrainte. C'est à la prise de fonction qu'il faut faire l'inventaire des différentes situations : la confrontation, l'analyse de données permettent d'anticiper les difficultés et d'individualiser la relation de travail.

S POUR DIAGNOSTIC STRATÉGIQUE

Dans le discours managérial courant, *«stratégie»* et *«stratégique»* sont des vocables très utilisés, le plus souvent avec des intentions de maintien, de préservation et de développement d'avantages ou de valorisation interne ou externe.

Quand le responsable ou le cadre de proximité s'approprient leurs nouvelles fonctions, le diagnostic stratégique est orienté vers la connaissance approfondie des ressources humaines.

Observer les composantes de la fonction ressources humaines de l'entreprise

Dans une organisation, toute la communauté de travail est concernée par la gestion des ressources humaines. Chaque manager, à son niveau, s'efforce de mettre en acte les orientations générales de la politique ressources humaines de l'entreprise.

Marc et Carole construisent leur diagnostic à partir de trois scénarios qui reflètent les différents partis pris de l'entreprise :

■ Identifier le modèle de gestion des ressources humaines
de l'entreprise

- **Modèle centralisé** : la gestion des cadres est confiée à la fonction ressources humaines en totalité ; elle valide prépare et sélectionne les personnes destinées à occuper des postes d'encadrement ;
- **Modèle participatif** : la gestion des personnels et le développement de leur potentiel sont sous la responsabilité des cadres opé-

rationnels, des chefs de service ou de division. Le service ressources humaines apporte aides et conseils techniques ;

- **Modèle partagé** : la gestion des cadres est cogérée par la fonction ressources humaines et les managers le sont par un dispositif de responsabilités partagées des opérations de recrutement, de développement et de prise de décision.

L'identification du modèle de gestion des ressources humaines doit conduire le responsable débutant à réfléchir sur la situation de la fonction RH de l'entreprise en cherchant à comprendre le positionnement de cette fonction et analysant les enjeux apparents.

■ Comprendre les raisons de ce positionnement

Trois questions clés aident à consolider le diagnostic :

- Comment se déploie la fonction ressources humaines dans votre entreprise ? Observer l'articulation de la fonction ressources humaines avec la vision et la pratique du management ;
- Quels sont les enjeux internes et externes qui mobilisent la direction des ressources humaines ? Repérer les points de tension autour du recrutement, de la gestion des grades et des statuts ; évaluer la contribution et le rayonnement de la fonction RH au sein de l'entreprise ;
- Quels sont les défis actuels et les défis à venir dans le développement de la fonction RH ? Rechercher l'articulation affichée entre la stratégie et le management opérationnel.

La fonction ressources humaines : quelles finalités ?

Les missions de la fonction ressources humaines sont nombreuses : elles dépendent pour une part importante du contexte économique et culturel de l'entreprise. L'installation dans un nouveau poste suppose de consacrer du temps à les identifier et à considérer la qualité de chacune d'elles.

Les missions de la fonction ressources humaines les plus couramment observées dans les entreprises consistent à :

- **Anticiper** (les évolutions démographiques, la cohabitation des différentes classes d'âge) ;
- **Qualifier et rendre disponibles** les ressources nécessaires à la réalisation des missions ;
- **Développer l'attractivité et renforcer l'identité de l'entreprise** (explication des choix et orientations, aller à la rencontre des attentes des partenaires, défendre son territoire) ;
- **Apprécier et optimiser la performance individuelle et collective** par la mise en place d'une veille managériale (entretiens individuels, encadrement à l'écoute) ;
- **Maintenir et développer les compétences** individuelles et collectives ainsi que la motivation à tous les niveaux ;
- **Rémunérer et récompenser** les performances de chacun ;
- **Développer des relations sociales** harmonieuses et innovantes sur des enjeux partagés.

La gestion des ressources humaines concerne l'ensemble de l'encadrement. Dès la prise de fonction, tout responsable doit identifier la véritable mission assignée à la fonction ressources humaines : est-elle pour l'entreprise une variable d'ajustement *a posteriori* ou une variable d'anticipation ?

L'identité de l'entreprise : conservatrice ou offensive ?

L'identité de l'entreprise est une dimension du diagnostic stratégique qu'il convient d'explorer dès la prise de fonction. La gestion au quotidien de l'identité stratégique est l'affaire des cadres de tous niveaux.

▣ Gérer, entretenir et développer l'identité de l'entreprise

Afin de progresser et d'améliorer sa position stratégique, toute organisation est dans la nécessité de se faire connaître et reconnaître en tant qu'institution agissant aux niveaux socioéconomique, socioculturel et sociopolitique. La communication marchande qui vante ses produits, ses services ou sa marque est insuffisamment opérante. Expliquer ses choix, aller à la rencontre de ses partenaires, être entendu de l'ensemble de ses personnels, défendre ses prestations et son territoire, voilà un ensemble d'actions de première importance. Gérer, entretenir et développer l'identité ne peut donc relever exclusivement du pôle GRH mais appartient à l'ensemble des gestionnaires.

▨ Mesurer l'écart entre les compétences souhaitées et obtenues

C'est un diagnostic des compétences souhaitées par l'entreprise que le débutant doit mettre en œuvre :

- Compétences à susciter la confiance et susciter de nouveaux projets ;
- Compétences à renforcer la notoriété de l'entreprise ;
- Compétences à concevoir des outils et des méthodes appropriées aux réalités de l'entreprise ;
- Compétences à accepter de jouer un rôle dans la gestion stratégique de l'identité ;
- Compétences à s'approprier les démarches de la gestion stratégique (informations, études et moyens de contrôle).

Le diagnostic porte sur la mesure d'écart entre ce qui existe et ce qui devrait être réalisé.

Mais que fait le DRH ?

Les années 80 et 90 ont consacré l'évolution de la fonction ressources humaines en justifiant la présence des responsables du personnel au comité de direction des entreprises. Même si la situation des responsables ressources humaines diffère d'une entreprise à l'autre, la dimension stratégique de la fonction se mesure à son influence et à son rayonnement à tous les niveaux hiérarchiques.

▨ La stratégie de ressources humaines s'articule autour de deux axes

Deux axes majeurs structurent aujourd'hui la stratégie ressources humaines des entreprises :

- **L'axe de la fonctionnalité** tourné vers des pratiques et des procédures qui permettent le fonctionnement ordinaire : faciliter l'action des services et unités, délivrer un service, proposer des solutions pour la résolution des problèmes organisationnels ;

- **L'axe de l'aide et de l'accompagnement** centré sur l'aptitude à «faire faire», à transmettre des savoir-faire, des manières d'agir, à faire preuve de pédagogie individualisée, à faciliter l'action des managers de tous niveaux.

Quatre profils de DRH

Le tableau ci-dessous montre quatre profils de la fonction DRH organisés selon ces deux axes.

Axe de l'accompagnement	
DRH Partenaire et conseil	DRH Chef d'orchestre
DRH Sentinelle	DRH Monsieur Loyal
Axe de la fonctionnalité	

- Le DRH en fonction de «sentinelle» se présente comme le gardien scrupuleux des procédures, des règles et des valeurs. Il place son action dans le sillon de l'histoire de l'entreprise. Il incarne davantage la figure traditionnelle du chef du personnel. Sa zone d'influence est réduite. Il n'est pas un partenaire de l'innovation.
- Le DRH en habits de «Monsieur Loyal» se repère par son souci d'être opérationnel en permanence. Certains voient pointer de l'activisme. Souvent consulté pour des décisions à court terme, il se révèle un allié peu efficace dans des équipes projet. Il apporte peu de valeur ajoutée à l'entreprise : ses missions sont externalisées à la faveur de changements structurels.
- Le DRH, en costume «partenaire et conseil» cultive l'écoute. Il affiche disponibilité et ouverture aux problèmes du personnel. Il est reconnu pour ses analyses mais s'engage peu dans l'action. En cela, il est le contretype du DRH «Monsieur Loyal». Doté de capacités d'écoute et de compréhension, il délivre des conseils pertinents et recherchés. Il valorise la relation bilatérale. Son engagement dans l'action est toutefois limité.
- Le DRH en tenue de «chef d'orchestre» réunit une bonne connaissance du terrain et des métiers, il entretient des relations stables avec les managers de tous niveaux. Il est à la fois présent sur une

© Éditions d'Organisation

dimension opérationnelle. Il aide et accompagne chaque cadre selon les besoins. L'idéal du DRH !

La partition bien tempérée du chef d'orchestre

Vous avez repéré le DRH chef d'orchestre. Pour que soient confirmées les premières impressions, il est prudent de s'assurer qu'il situe son action dans quatre espaces de compétences :

Il comprend l'activité de l'entreprise

Il en maîtrise les arcanes et les enjeux produits/marché/organisation ; il facilite la recherche des meilleures contributions pour l'atteinte des résultats. Il est en mesure de décoder les différentes cultures professionnelles en mouvement dans l'entreprise. Il privilégie le facteur humain dans les prises de décision.

Il exerce un leadership positif

Il influence ses pairs et ses collaborateurs en s'appuyant sur des valeurs partagées, en apportant de l'expertise et en favorisant l'intérêt général. Il est un acteur innovant dans les processus de communication interne. Quand il doit piloter un plan social, il agit rapidement et à faible coût.

Il pratique un management de conviction

Sa démarche opérationnelle soutient les besoins d'autonomie des managers et des responsables. Il participe pleinement à la réflexion stratégique sur l'avenir de l'entreprise et prend part à la définition des besoins (métiers, compétences, profils) ; il est moteur dans la conduite du changement et dans la définition des politiques d'accompagnement (formation, communication, évaluation et gestion des carrières...).

Il contribue à la création de valeur

Il sait prendre en compte l'impact d'un événement sur l'ensemble de l'organisation et identifie avec pertinence le fonctionnement informel de l'entreprise et les jeux d'acteurs. Il préconise des solutions RH aux problèmes économiques et sociaux adaptées au contexte de l'entreprise. Il optimise pleinement pour son propre fonctionnement, les ressources dont il dispose (effectifs, compétences, coûts).

S POUR DIAGNOSTIC SOCIAL

La dimension sociale dans une organisation représente la nature des relations entre les personnes. De la qualité de ces relations découle le succès ou l'échec d'une décision, d'une politique. Ceux qui ont le pouvoir de décider doivent apprendre à coopérer avec ceux qui disposent du savoir, du savoir-faire pour donner sens et efficacité aux décisions.

Recrutement, management, politique sociale, ambiance de travail, usages divers, particularismes, interdits, règles de fonctionnement, petits arrangements... sont les principaux points sur lesquels les *néos* vont devoir exercer leur vigilance. Autant de signes à lire, à comprendre et à confronter à leurs propres valeurs.

«C'est vous la nouvelle...?»

«Pourquoi ai-je été retenue?» s'interroge Carole. Elucider son propre recrutement, c'est accéder à l'essentiel de la politique de l'entreprise. Recruter est un investissement qui a été réfléchi. Le recrutement est à voir comme une transaction construite sur les attentes et les attitudes des partenaires.

▨ Décoder les objectifs de son recrutement

Le comportement à adopter dans l'entreprise doit intégrer les conditions du recrutement et de la politique d'emploi en général. Le recrutement n'est réductible, ni à la publication de l'offre, ni à la signature du contrat. Il détermine toute la politique de l'emploi et doit être perçu de part et d'autre comme un processus. C'est donc l'amont et l'aval de cette dynamique qu'il est nécessaire de scruter et d'analyser. En amont, les objectifs poursuivis par le recrutement doivent être parfaitement décodés.

■ Noter les caractéristiques du management social de l'entreprise...

Ultérieurement, c'est sur une batterie d'indicateurs qu'il faut porter toute l'attention :

- L'accueil du nouveau ou du débutant est-il préparé, concerté et prévu dans la durée? (l'accueil est-il une charge nouvelle pour le tuteur ou est-il intégré à son poste de travail?);
- Le management de l'accueil permet-il ou non de percevoir des pratiques individualisées ou une gestion de statut et de métier? (l'accueil permet-il de s'adapter rapidement ou donne-t-il une vision grand angle de l'entreprise?);
- Un dispositif d'intégration est-il mis en place pour faciliter la compréhension d'ensemble de l'entreprise? (quand, périodicité, durée, une session existe-t-elle pour les salariés présents depuis plus d'un ou deux ans?);
- La formation continue est-elle une donnée inscrite dans la pratique sociale de l'entreprise ou se gère-t-elle au coup par coup selon les demandes des salariés ou selon les besoins? (l'entreprise a-t-elle un plan de formation ou veut-elle recruter des personnes immédiatement productives parce qu'elle n'a plus le temps de former?);
- La gestion des carrières concerne-t-elle toute la population de l'entreprise, l'encadrement dans son ensemble ou seulement les cadres de haut niveau? (que vous dit votre assistante?);
- L'évaluation annuelle est-elle perçue comme une formalité ou décrite comme un temps de partage et de bilan?
- La sélection à l'embauche est-elle fondée sur le diplôme qui atteste d'une qualification ou tient-elle compte de l'expérience et des compétences mises précédemment en œuvre?
- La séparation entre la vie privée et la sphère du travail est-elle préservée? (l'omniprésence des nouveaux moyens de communication ou les effets détournés de la réduction et de l'aménagement du temps de travail laissent-ils un peu de répit?);

Ce sont dès les premiers jours que ces points d'observation doivent être réalisés. Ils peuvent être complétés par d'autres éléments selon les caractéristiques de l'organisation. Ils renvoient un instantané des principales facettes du management.

■ ...pour appréhender le management dans sa globalité

Ce diagnostic rapide permet à tout nouvel embauché de percevoir comment l'entreprise accepte les nouvelles orientations du travail. C'est aussi un révélateur de la vision du management qui inspire la ligne hiérarchique. Le manager efficace est prescripteur et éducateur. Il doit transmettre à ses collaborateurs les règles du jeu, les procédures, les normes et la culture tout en l'aidant à développer des capacités d'autonomie, de prise d'initiative, d'innovation.

Aujourd'hui, l'organisation hiérarchique du travail, comme le taylorisme auparavant, est sur le déclin : l'individu et son potentiel passent avant la tâche et la prescription. Le marché de l'emploi est en cours de recomposition, les groupes sociaux constitués naguère autour de valeurs reconnues se défont (paysans, ouvriers...) ce qui amplifie l'isolement des individus au travail. C'est désormais au salarié de montrer à l'employeur ou à la direction des ressources humaines en quoi il est utile à l'entreprise. La conséquence de cette évolution est la surcharge de travail qui pèse sur les cadres de certains secteurs.

La pratique de gestion des ressources humaines est le point d'entrée des nouveaux collaborateurs dans une démarche de professionnalisation facilitant la mobilité interne à l'entreprise ou hors de ses murs. Tout nouveau recruté doit saisir les faits, les pratiques qui lui indiquent si l'entreprise cherche à fidéliser ou non, ses collaborateurs. La politique des ressources humaines dispose d'outils pour concrétiser les intentions de fidélisation : le volet financier (degré de motivation de la politique salariale, avantages en nature) et le volet social (avantages sociaux, efforts de formation, mobilité interne, aménagement du temps de travail, gestion des plans de carrière, crédit temps).

Intégration dans la nouvelle entreprise, plus qu'une formalité administrative

«Pouvons-nous progresser ensemble?», telle est la question que doivent explorer conjointement le débutant et l'entreprise.

L'intégration est un acte de management : si elle est conduite par la direction des ressources humaines, elle reste néanmoins sous la responsabilité des décideurs. Comme dans le management de projet, c'est l'implication de la direction et des managers qui fera la qualité du résultat. La culture et les traditions de l'entreprise sont au cœur de ce processus : pas de modèle préétabli mais des actions concertées et progressives construites dans une perspective de réussite conjointe.

Dans leurs univers professionnels respectifs, Carole et Marc doivent veiller à ce que leur intégration soit encadrée par des dispositifs et accompagnée par des outils spécifiques (entretiens formalisés, référentiel de compétence, rencontres avec la hiérarchie...). Il est important, en effet, de mesurer l'écart entre ce qui est attendu du débutant du point de vue des compétences et du comportement avec ce qu'il apporte ou ce qu'il livre de son potentiel.

INTEGRER, C'EST PERSONNALISER LA RELATION
Ils témoignent...
Bertrand, responsable ressources humaines
d'un cabinet conseil

«Pour chaque consultant que nous recrutons, dès l'accueil nous remettons une petite documentation facilitant l'intégration dans notre collectivité, sous forme d'une pochette comprenant une lettre du dirigeant, un livret d'accueil, un exemplaire du dossier d'évaluation pour clarifier nos méthodes, une fiche sur le fonctionnement de la messagerie interne, la charte d'utilisation d'Internet.

Nous réalisons un bilan au bout de trois mois, c'est-à-dire à la fin de la période d'essai. C'est un travail qui est prévu dès l'embauche et qui est guidé par des instruments mis au point depuis plusieurs années. Si nous décidons de poursuivre la route ensemble, un autre bilan est effectué au bout de six mois afin de dégager des perspectives et des tendances générales sur l'évolution de la personne. Nous considérons alors deux axes déterminants : les compétences et la formation conti-

> *nue, très importante dans notre secteur. L'évolution du salaire et les primes font partie de ce bilan.*
>
> *Au bout d'un an, la personne recrutée prend part au dispositif d'évaluation».*

Pyramide des sages ou tableau de jeunesse ?

Les préjugés sont tenaces ! Souvent, les plus de 50 ans, vus du côté de l'employeur sont considérés comme des *has been*, au mieux, ou des *cas sociaux* au pire. Cette vision manichéenne dépend naturellement de la branche professionnelle : des secteurs d'emplois comme la publicité, la communication qui diffusent une image de jeunesse cherchent constamment à maintenir une moyenne d'âge autour de la trentaine.

«Qui sont mes nouveaux collègues de travail ?» C'est la question que devrait se poser tout salarié lorsqu'il pénètre pour la première fois dans sa nouvelle entreprise. Le vieillissement démographique concerne toutes les entreprises, privées ou publiques. De 1960 à la fin des années 90, les effectifs des 50/60 ans sont restés stables alors que de nombreuses prévisions estiment qu'ils vont atteindre 25 % de la population active dans les prochaines années.

A partir de 2006, les seniors (55-65 ans) représenteraient près de 15 % de la population active[1]. Longtemps l'idée, notamment en France, a été de faire sortir les travailleurs âgés de l'entreprise. «La gestion des âges à la française» a consisté, à partir des années 80, à indemniser la sortie du travail de salariés âgés plutôt que de remédier à leur faible *employabilité*. Le phénomène s'est amplifié quand le chômage s'est développé : les entreprises et les pouvoirs publics ont demandé aux salariés de «laisser la place aux jeunes».

---

1. Rapport Quintreau, *Vivre mieux et plus longtemps*, Conseil économique et social, 2001.

MESUREZ LA FRACTURE DEMOGRAPHIQUE AU SEIN DE VOTRE NOUVELLE ENTREPRISE

- Les anciens sont-ils associés à l'accueil des nouveaux ?
- L'expérience des salariés, employés ou cadres est-elle entretenue ou ignorée ?
- La formation continue est-elle sollicitée pour valoriser et transmettre l'expérience des anciens ou motiver les collaborateurs âgés ?
- La formation est-elle considérée comme une mesure essentielle pour maintenir l'*employabilité* des salariés âgés ?
- Les questions d'âge et de vieillissement sont-elles introduites dans les actions d'information et de sensibilisation de santé au travail ?
- Les équipes de travail, les groupes projet tiennent-ils compte des strates démographiques de l'entreprise ?
- Comment la nouvelle entreprise envisage-t-elle de résoudre le problème du renouvellement de la population au travail ?
- L'entreprise semble-t-elle favorable à la cohabitation des âges ?

Deux questions discrètes et une question existentielle : existe-t-il des «placards»; si oui, sont-ils surpeuplés ? Avez-vous envie de vieillir ici ?

Aujourd'hui, le nouveau paysage démographique inverse la tendance. Désormais, les entreprises sont obligées de compter avec les «quinqua» et les «sexa». Les débutants vont cohabiter avec des salariés plus âgés, porteurs d'expériences, de la mémoire et de l'histoire de l'entreprise. Les cadres qui jouissent des meilleures conditions de vie et d'un travail intéressant demeurent le plus longtemps au travail. Ils représentent, en outre, une compétence précieuse pour l'entreprise. L'évolution démographique des pays de l'Europe de l'ouest les rend indispensables au bon fonctionnement des entreprises et des administrations. La cohabitation de salariés expérimentés et de jeunes recrutés est un enjeu de premier plan pour toute entreprise. Le management est responsable de sa réussite ou de son échec. Le défi pour les équipes ressources humaines est d'optimiser le choc culturel né de la rencontre de trois voire quatre générations au sein de l'entreprise.

Travail ou plaisir?

Inquiétude, anxiété, démotivation, perte d'intérêt, frustration, altération de l'estime de soi... le travail génère des émotions négatives qui affectent en même temps le bien-être de la personne et les performances. L'estime de soi conditionne le bien-être professionnel. Elle consiste à s'attribuer soi-même des valeurs. C'est l'expérience personnelle qui contribue à affirmer l'estime de soi. Son ampleur est donc différente d'une personne à une autre.

Pour le vrai débutant, la première prise de poste à responsabilité amplifie les risques : il n'y a pas de balises pour s'accrocher. Les indicateurs de faible estime de soi sont à surveiller de très près : tristesse, peur de ne pas donner ce qui est attendu, désir de fuite ou de démission, mélancolie, recherche de solitude. Il est alors urgent de diagnostiquer les origines des difficultés.

Avec la sexualité, le travail est l'instance essentielle de la construction identitaire. L'épanouissement passe par un équilibre entre les dimensions personnelle et professionnelle. L'investissement émotionnel unique est un risque. Comme pour l'épargne familiale où l'adage rappelle *«qu'il ne faut pas mettre tous ses œufs dans le même panier»*, il faut diversifier ses investissements professionnels.

Il est important pour le débutant de comprendre l'environnement du travail : les collègues, les collaborateurs, les responsables parviennent-ils à se construire dans les deux sphères? A repérer : les accros du travail, l'absence ou la crainte de la convivialité, le travail illimité, l'ennui hors du travail qui cachent les fragilités psychologiques. Au travail, le plaisir doit largement dominer le déplaisir. Il n'y a pas d'épanouissement personnel et professionnel possible sans un fort sentiment de satisfaction apporté par le travail.

Le baromètre social de l'entreprise

Le baromètre social se construit en référence à la situation unique de toute prise de fonction. Les indicateurs sont en relation avec les particularités de l'entreprise. Pour que le baromètre gagne en précision, des critères spécifiques à chaque situation doivent être distingués : il s'agit d'identifier les bonnes pratiques qui caractérisent l'entreprise et visent à concilier la croissance et les résultats économiques avec la cohésion sociale. Ne pas négliger les valeurs souvent déclinées dans des chartes, des proclamations. Les entreprises se disent «citoyennes», «éthiques», affichent des objectifs en lien avec le «développement durable». La réalité est-elle conforme aux intentions proclamées?

Un baromètre social repose sur des idées fortes : le management est conçu comme un élément-clé de la gestion des relations sociales. Il est au service de l'ensemble des objectifs de l'entreprise, il vise à assurer la satisfaction et l'adhésion des salariés.

Individualisez votre baromètre social

Chaque débutant peut concevoir son baromètre dès les premières observations et l'enrichir ultérieurement. Il n'existe pas de modèle préétabli. Selon la culture, les modes de régulation sociale, et le degré de complexité de l'entreprise le baromètre social est plus ou moins élaboré.

Dix critères pour explorer la dimension sociale de votre entreprise

L'attitude envers les jeunes mères

Le temps pratiqué dans les entreprises n'est pas adapté à la vie des mères[1]. On juge trop souvent les femmes salariées sur leurs disponibilités pour sacrifier leur vie de famille et l'éducation des enfants. Le temps de travail est celui des hommes.

Pour corriger cette inégalité, l'entreprise peut décider de mesures qui permettent aux mères de concilier carrière et enfants (congés parentaux facilités, temps partiel choisi, service de garde d'enfants, crèche d'entreprise, horaires adaptés...). Ces mesures destinées aux femmes peuvent générer des effets inattendus : ralentissement de carrière, promotions lentes, responsabilités réduites.

---

1. Béatrice Majnoni, *Egalité entre hommes et femmes : aspects économiques,* La Documentation française, Paris, 1999.

Le choc de la réduction et de l'aménagement du temps de travail

L'arrivée des 35 heures hebdomadaires a modifié l'organisation du travail. Le temps de travail des cadres, dans la plupart des cas, reste inchangé. Les effets des choix opérés par les entreprises et les services sont à observer avec attention : stress, tensions, durcissement des relations sociales...

Les conditions de travail sont rendues plus difficiles par les 35 heures : le plaisir pris au travail, les pauses conviviales, les espaces où se glissait la communication interpersonnelle ont été abandonnés à cause de la pression.

Observez

La tendance ou l'absence de dépassement d'horaire, la qualité des relations, le plaisir exprimé pour le travail...

L'utilisation des stagiaires de l'enseignement supérieur technologique et professionnel

La contribution demandée aux stagiaires révèle des pans du management, de ses projets, de ses dysfonctionnements. Quel est le rôle donné aux stagiaires par les responsables qui les accueillent? Les missions confiées aux stagiaires ne produisent pas les mêmes effets selon ce que l'on attend d'eux.

Le stagiaire est-il affublé de l'habit du *consultant* auquel il est demandé de faire des analyses et de s'engager dans l'expression d'avis. Lui permet-on de prendre part à la vie de l'entreprise et de continuer sa formation?

Au contraire, lui est-il demandé d'être un *observateur naïf* pour mettre à jour les jeux d'acteurs? Se voit-il attribuer la tunique du *missi dominici* afin de diffuser une décision ou d'en contrôler la mise en place? Est-il *le coussin d'air* à la frontière de deux unités ou deux services et qui amortit tous les chocs, le *haut-parleur* qui représente un service ou un groupe de salariés? Lui demande-t-on d'être l'*espion* ou le *curieux* qui recueille des informations dans un service à partir d'une feuille de route fournie par la direction ?

Trois autres rôles peuvent être mentionnés : le *libre parleur* qui distille les informations que la hiérarchie ne peut pas elle-même divulguer, le *révélateur* qui met à jour les contradictions et anomalies inavouées et enfin le *brise-glace,* expert pour bousculer les habitudes.

Les formes de l'autorité

Le modèle «participatif» devenu le maître mot du management, parfois par recherche d'un effet de communication, ne s'est pas également imposé dans l'ensemble des organisations. L'autorité est encore entendue comme une injonction à agir sans le respect dû à chaque collaborateur.

La conception féodale de l'autorité se manifeste par des demandes qui marquent le pouvoir. Il y a confusion entre avoir de l'autorité et exercer avec autorité ; la seconde se traduit par des décisions qui laissent des traces.

Parmi les alertes : prédilection pour des réunions improvisées de préférence tardives, demande de notes, de comptes rendus pour un futur très immédiat, entretiens rendus à l'état de monologue, délégations régulièrement contrôlées...

Petites libertés en temps de paix : téléphone, Internet et photocopies

Surfer au bureau, consulter les sites des agences immobilières, photocopier sa déclaration d'impôt, téléphoner à son conjoint font partie des tolérances que, généralement, l'entreprise admet. Mais jusqu'à quel point ?

La possibilité de se connecter à tout moment à Internet entraîne une évolution du droit social. Aujourd'hui, il n'y a pas à proprement parler de cadre législatif concernant l'utilisation d'Internet à des fins personnelles au travail.

A savoir : l'entreprise doit informer les salariés avant la mise en place d'un dispositif de contrôle. Existe-t-il une charte régissant l'usage personnel des moyens d'information et de communication ?

Une place pour l'innovation

L'innovation consiste pour un acteur ou un groupe d'acteurs, quelle que soit sa position sociale au sein du système, à élaborer des réponses inédites face à des problèmes survenus dans le cours normal de l'activité.

Elle suppose que les acteurs disposent d'autonomie pour s'écarter du travail prescrit[1]. Les pratiques innovantes reposent sur la capacité à organiser l'échange des connaissances nécessaires à l'accomplissement des tâches.

Les valeurs au travail

Vivre ensemble, partager des projets, agir en respectant des règles plus ou moins formalisées sont des éléments essentiels pour constituer une communauté de travail même si celle-ci est traversée par des intérêts contradictoires[2].

Les valeurs contribuent à renforcer le sentiment d'appartenance à la communauté. Les valeurs attachées aux métiers de l'entreprise influent sur l'intégration dans les équipes. La variété du travail, l'autonomie et la responsabilité vont de pair avec l'évolution des modes de management vers la gestion de projet, les équipes projet qui cassent la hiérarchie, le fonctionnement en centres de profit autonomes.

L'identification des valeurs qui font courir les salariés livre de nombreuses informations, sur l'engagement du personnel, sur la stratégie de l'entreprise et sur la culture. Elles s'expriment au travers d'attitudes comme le plaisir au travail, le souci de la qualité des prestations, le développement professionnel et personnel des salariés.

Entreprise et famille : confusion ou séparation?

Les rôles dans l'entreprise sont souvent des calques de ceux de la famille. Le modèle du «père-patron», représenté par Michelin a cessé d'être représentatif à la fin des années 80. Hormis les PME, ce modèle est aujourd'hui dépassé. Lorsque la promotion devient rare ou difficile, les dirigeants dorlotent leurs salariés. En retour, ceux-ci endossent le costume du meilleur fils ou de la meilleure fille.

1. Norbert Alter, *L'innovation ordinaire,* Presses Universitaires de France, Paris, 2000.
2. Jean-François Claude, *Le management par les valeurs,* Editions Liaisons, Paris, 2001.

Aujourd'hui, l'entreprise n'offre plus ni la sécurité ni de perspectives d'avenir. Au contraire, elle laisse voir sa fragilité. Elle ne permet plus aux salariés d'évoluer et les incite à rester de grands enfants en jouant sur les sentiments et la relation affective.

Les femmes sont plus exposées face à cette dérive. On fait appel à leur potentiel maternel : l'assistante protège le manager des intrus, gère son agenda, achète en urgence une cravate... Quand le travail empiète sur l'intime, des pathologies apparaissent : angoisses, agressivité, dépression.

Principe de survie en entreprise

Evitez les confusions entre la vie familiale, personnelle et vie professionnelle. Réservez l'expression des sentiments à la vie privée.

Travail et handicap

La loi du 10 juillet 1987, soumet les entreprises d'au moins vingt salariés à une obligation d'emploi de personnes handicapées qui doivent représenter au moins 6% de l'effectif. Les entreprises peuvent s'acquitter de cette obligation en concluant des contrats de sous-traitance avec des organismes d'aide au travail ou verser une contribution annuelle au Fonds pour l'insertion professionnelle des personnes handicapées.

Selon une idée reçue, de nombreuses entreprises estiment que le handicap est synonyme de non-productivité ou de moindre performance. La perception du handicap et le traitement réservé aux personnes handicapées soulignent la conception globale du management de l'entreprise.

L'absence de prise en compte du handicap est révélatrice du déficit de management. Elle montre aussi la vision de la responsabilité sociale de l'entreprise. Il serait erroné de dissocier le management des personnes atteintes de handicap de la gestion organisationnelle globale.

L'effort social et citoyen de l'entreprise se traduit par le refus du paternalisme, une démarche d'insertion socio-économique, la formation et l'accueil par des tuteurs. Les actions en faveur de l'environnement de travail des personnes handicapées contribuent à améliorer les conditions des autres salariés.

L'organisation des espaces de travail

L'aménagement des lieux de travail et en particulier des bureaux est désormais une préoccupation majeure du management : il est admis qu'il existe un rapport étroit entre le fonctionnement global de l'entreprise et la gestion de l'espace.

De plus en plus d'entreprises envisagent de traiter la question de l'espace de travail comme une ressource. La structuration, la répartition, l'organisation de l'espace ont une influence sur la performance. La qualité et l'excellence découlent d'un environnement d'excellence et de qualité.

C'est l'espace qui doit s'adapter à l'activité de l'entreprise et aux différentes manières de l'exercer alors que, souvent, les managers se résignent à ajuster les besoins à l'espace disponible.

Egalité de traitement

La gestion de l'espace de travail doit requérir la même attention que la politique des ressources humaines.

L'alternative espaces ouverts ou espaces fermés ne suffit plus à satisfaire les contraintes et exigences des différents métiers. Sa remise en question montre l'adhésion des structures hiérarchiques en faveur des nouveaux modes de travail fondés sur la compétence, la créativité et l'interactivité. L'activité détermine la nature de l'espace de travail : les services de mercatique et le pôle comptabilité d'une entreprise n'ont pas les mêmes besoins en matière d'espace et ne peuvent revendiquer un traitement égal.

Ravalement de façade

Votre prise de poste coïncide avec un projet d'aménagement de l'espace de travail? L'ange des débutants vous sourit : vous allez pouvoir faire entendre votre petite musique et quelques menues exigences !

© Éditions d'Organisation

QUATRE CONSEILS PRATIQUES POUR S'APPROPRIER SON NOUVEL ESPACE DE TRAVAIL

- FAITES VITE ENTENDRE VOS BESOINS

  Plus vite vous ferez entendre vos besoins plus vous aurez de chances d'être entendu. Evitez de proposer tout de suite vos solutions mais présentez clairement vos critères et vos besoins. Quels sont vos objectifs? Comment travaillerez-vous? Votre espace doit-il accueillir du public? Un petit cahier des charges serait opportun pour attirer l'attention sur vos modes de travail et votre organisation.

- SACHEZ VOUS FAIRE ENTENDRE DE LA DRH

  L'aménagement de l'espace est le plus souvent coordonné par la direction des ressources humaines. La rénovation ou l'organisation de l'espace est une occasion d'activation ou d'optimisation de la communication interne. Il est donc fondamental de savoir se faire entendre. Si la direction des ressources humaines est impliquée dans un tel chantier, c'est que vous êtes arrivé dans une entreprise qui est à l'écoute et qui respecte ses salariés. Vous pouvez en parler autour de vous!

- COMPRENEZ LA GESTION DE L'ENTREPRISE EN MATIERE D'ESPACE

  L'espace et son aménagement sont-ils considérés comme une dépense ou comme un investissement? Les choix de l'entreprise ne trompent pas : gestion économique de la surface ou valorisation de l'espace à disposition apparaissent dès le premier coup d'œil. Une organisation de l'espace en rapport avec l'activité de l'entreprise est au service de l'outil de production et permet de supprimer l'essentiel des dysfonctionnements.

- ASSOCIEZ VOS COLLABORATEURS A LA REFLEXION

  On vous annonce la rénovation de bureaux : ne grimpez pas aux rideaux! Profitez-en pour associer vos collaborateurs : créez un groupe de travail, une instance de réflexion et de proposition si possible associant diverses catégories de personnel, votre management sera en prise directe avec les problèmes du service ou de l'unité. L'organisation de l'espace est une composante du management : vous pouvez afficher sans peine votre style de management et marquer le service de votre empreinte. Questionner sur la couleur de la moquette montrera vite des limites. Gare à l'illusion et aux faux-semblants! Il est nécessaire que la consultation s'organise sur un contenu et permette l'expression de points de vue authentiques. Travailler à partir des missions et des valeurs est le point de départ pour déclencher des processus psychologiques d'adhésion.

Le diagnostic social d'une organisation relève d'un compromis. Le baromètre social révèle une image fantasmée de la réalité. Les principes de gestion, les critères sociaux survivent difficilement à des circonstances imprévues ou défavorables. En cas de crise, les convictions sociales s'estompent, le baromètre s'affole. Le diagnostic social est élaboré, comme les décisions de management, sur fond d'ambiguïté du rapport coût/bénéfice. Ses critères doivent être fortement reliés au contexte et à l'environnement de l'entreprise.

Le management est une activité sociale

Existe-t-il pour tout chef une pause dans l'acte de manager? Comment connaître à la fois l'ensemble des collaborateurs et faire vivre de nouvelles formes de communication interne? L'environnement changeant, l'écrasement des hiérarchies, le management par projet exigent que les dirigeants et les cadres soient proches de leurs collaborateurs et soient imprégnés du terrain. Désormais, le manager est acteur au quotidien. La proximité avec le terrain développe la capacité de recul. Elle inspire la vision de ce que sera le service ou l'unité dans les trois ou quatre prochaines années.

La tournée du chef

Aux Etats-Unis, certaines entreprises ont compris l'intérêt d'une communication toujours ouverte qui s'intéresse aux échanges entre salariés et à la convivialité des rites. Outre-Atlantique, cette pratique a un nom : *le managing by wandering around* (MBWA). Traduction approximative, *le management vagabond*.

■ Communiquer plus ouvertement grâce au MBWA

Dans sa forme la plus usitée, cette pratique se traduit par des dialogues impromptus entre un responsable et un salarié. Initialement, cette démarche consistant à aller à la rencontre des acteurs là où ils sont, sans aucun protocole ni artifice, est née en réaction des constats d'isolement des managers. Les visées sont simples : manifester de l'intérêt pour ses collaborateurs, en être proche, découvrir la vie quotidienne de l'entreprise et développer une communication fondée sur l'empathie et la reconnaissance.

Parmi la vingtaine d'actions à mettre en œuvre les plus révélatrices visent à :

- Développer l'écoute : écouter 80% du temps et parler 20% ;
- S'en tenir à un style de communication simple et un esprit d'ouverture envers toute la communauté de travail ;
- Etre en mesure de trouver quelque chose à apprécier chez chacun de ses collaborateurs ;
- Valoriser les échanges informels et spontanés.

Pratiquer le MBWA est positif pour l'entreprise

Les cadres qui ont mis en pratique le MBWA sont unanimes : la communauté de travail est plus soudée, les projets avancent aisément ; le respect mutuel facilite l'intercompréhension des individus et des groupes. *Envoyer promener son chef de service pourrait être salutaire pour le management et les rapports sociaux !* A noter dans la nouvelle entreprise les différentes formes, ou l'absence, de management déambulatoire...

Le MBWA cohabite avec l'*open door policy,* politique de la porte ouverte qui offre la possibilité de rencontrer sa hiérarchie et l'*open mail policy,* facilité pour chacun d'envoyer un message électronique à tout acteur de l'entreprise, direction comprise. Attention ! Prudence et raison néanmoins s'imposent : l'excès peut conduire à la crise de mails !

De l'entrée des artistes à la sortie de secours

Vous entrez dans l'entreprise, d'autres en sortent. Quitter l'entreprise requiert-il des procédures aussi exigeantes que l'intégrer ? De nombreux DRH soulignent la nécessité de considérer le départ d'un collaborateur comme un acte qui peut contribuer à une meilleure information sur les points sensibles ou les difficultés de l'entreprise. Des managers qui recourent à un suivi personnalisé des carrières et des compétences proposent désormais aux cadres sur le départ un *entretien de sortie* afin que les véritables causes du départ soient connues et analysées.

Ce type de pratique renseigne sur le management en vigueur dans l'entreprise : la relation de travail, même finissante, appartient à une démarche de communication. Il est rassurant de savoir que l'on peut sortir au moindre coût.

Ils témoignent...
Aude, responsable ressources humaines

«Nous avons toujours un entretien avec un cadre ou un responsable de ventes au moment de son départ. Nous essayons de rendre cet entretien le moins formel possible. Nous faisons avec lui un inventaire des causes qui ont motivé son choix.

La plus grande partie de l'entretien est axée sur le projet professionnel du salarié de garder le plus longtemps possible le contact avec lui. Il y a des éléments sur lesquels nous nous mettons d'accord, comme le planning de la procédure, les congés à solder... Une lettre est remise à ce moment-là pour confirmer ces éléments. Tout cela nous aide à mieux connaître les motifs de départ service par service.

Je termine l'entretien par des suggestions qui invitent la personne à passer à d'autres plans de réflexion, par exemple je lui demande de penser à son arrivée, «si c'était à refaire...», «pourquoi je conseillerai l'entreprise à mes connaissances ou à mes proches...», et enfin «si j'étais le DG, quelle serait la première chose que je changerai...». J'obtiens dans la plupart des cas des éléments qui amènent à de vraies questions pour l'accueil des suivants...».

Post-scriptum

Votre observation a porté sur les trois dimensions du diagnostic de prise de fonction. A vous de voir quels critères spécifiques prendre en compte. Toute situation d'intégration est unique : il vous appartient de savoir personnaliser cet acte majeur de la vie professionnelle et personnelle.

Réussir ses débuts professionnels, c'est mettre en œuvre une stratégie gagnante qui mobilise les ressources créatives. Plus qu'acteur de la nouvelle organisation, c'est être auteur d'un style de management et d'un comportement adaptés au contexte qui facilite l'insertion dans votre nouvel univers.

CHAPITRE 6

DÉBUTER À MOINDRE STRESS

Faire vite, faire plus, toujours plus, faire bien, faire mieux... le stress s'est invité dans la vie de nombreux cadres. Ses conséquences sur la vie personnelle sont désormais avérées. S'il frappe les cadres confirmés soumis à des demandes croissantes de performance, confrontés à de nombreuses incertitudes ou à des relations conflictuelles, il expose aussi les débutants qui doivent repérer ses caractéristiques et apprendre à en gérer ses effets.

Le stress au travail est désormais mieux identifié : il est reconnu pour sa nuisance envers les performances de l'entreprise, pour sa capacité à affecter la productivité et la motivation et pour la menace qu'il constitue pour l'équilibre personnel des salariés.

Tout le monde s'en plaint, mais est-ce bien de la même chose dont les uns et les autres parlent ? Qu'y a-t-il de commun entre le stress qui sert de coup de pouce pour boucler un dossier et le stress permanent, bien dosé que les adeptes du management par l'insécurité ou par l'angoisse mobilisent sous prétexte que la performance est supérieure quand la pression est maximale ?

Aujourd'hui, le travail des managers est caractérisé par le passage d'un stress essentiellement physique découlant de mauvaises conditions de travail à un stress psychique produit par des conditions de travail fatigantes qui soumettent le mental et le moral à rude épreuve.

Principaux facteurs de stress accusés : le manque d'information sur l'avenir de l'entreprise, les difficultés de communication entre les salariés et l'encadrement, entre l'encadrement et la direction, l'intensité et la fréquence des conflits interpersonnels, la surcharge de travail, les intrusions de la vie professionnelle dans la vie personnelle...

Le stress est le résultat d'une interaction entre le salarié et son environnement : l'oublier, entraîne invariablement l'énumération de recettes anti-stress interchangeables et parées de vertus magiques. C'est une réponse clinique de l'organisme à une demande d'adaptation à un changement : la réaction qui en résulte peut être de nature tonique ou de nature toxique.

Les méthodes de gestion du stress en entreprise, pour être efficaces, doivent associer des ressorts individuels et des ressorts collectifs : les résultats les meilleurs sont obtenus lorsque la recherche de solutions découle d'une évaluation des facteurs de stress au sein d'une équipe. Les entreprises les plus innovantes se dotent d'un observatoire du stress afin de mesurer le niveau d'anxiété et le comportement face au stress.

EXPRESS STRESS

Pour Patrick Légeron[1], c'est le changement qu'il soit accepté ou désiré, qui est la première source de l'excès de stress. Toute forme de changement génère un stress plus ou moins intense. Quand l'entreprise fusionne, quand l'entreprise se réorganise la capacité d'adaptation des managers est malmenée.

Patrick Légeron qualifie le stress de *«formidable réaction de notre organisme pour s'adapter aux menaces et aux contraintes de notre environnement. Les scientifiques préfèrent parler de «réaction d'adaptation» pour désigner le stress, cette réaction de notre organisme, sans cesse sollicitée et indispensable à notre fonctionnement».*

Dans la vie personnelle, le deuil, le divorce, le déménagement, le départ à la retraite sont les traumatismes les plus violents que les psy-

---

1. Patrick Légeron, *Le stress au travail*, Odile Jacob, Paris, 2003.

chologues reconnaissent. Que dire du débutant qui déménage? Ne dit-on pas de quelqu'un qui vit de grandes perturbations qu'il déménage?

Je suis stressé parce que j'agis

L'adaptation est source de perturbations. L'excès d'adhésion, la mise en sommeil volontaire de son potentiel critique sont cause de stress professionnel : l'équilibre psychologique est menacé par un investissement trop fort dans le travail. Quand les conditions de travail évoluent, le stress est ressenti, il devient objet de préoccupation.

Dans les périodes d'évolution et de changement, le stress a de multiples origines.

■ Des situations qui initient un stress

- Se voir confier une mission nouvelle et estimer être insuffisamment préparé ;
- Etre soumis à de brusques évolutions du management et se voir attribuer des objectifs personnels et collectifs irréalistes ;
- Changer de service donc d'activité au sein de l'entreprise ;
- Subir des pressions inédites pour satisfaire les engagements pris ;
- Découvrir un nouveau climat social : compétition entre salariés, comportements individualistes, modification des horaires ;
- Obtenir une promotion : à la satisfaction d'être choisi succède souvent un état dépressif.

Diverses enquêtes affichent des résultats convergents : le stress est toujours vécu négativement par les salariés qui le considèrent comme un sujet tabou. L'opinion commune des salariés est toute de prudence : dénoncer le stress, s'en plaindre, hors des espaces neutres que peuvent être la médecine ou l'Inspection du travail, pourrait nuire à la carrière ou la ralentir.

Régulièrement, les médias évoquent les principaux facteurs de stress dans les entreprises et les services. Les salariés, quels que soient leurs secteurs d'activité, leurs niveaux hiérarchiques et la taille de leur entreprise en mentionnent cinq.

© Éditions d'Organisation

113

Cinq principaux facteurs de stress

- La surcharge de travail, les délais présentés comme incompressibles et les objectifs irréalistes fixés par le management ;
- La communication insuffisante avec la hiérarchie et au sein des équipes ;
- L'insécurité de l'emploi ;
- Les mauvaises relations avec la hiérarchie : le management par le stress peut donner des résultats mais reste une gestion à court terme, vite contre-productive ;
- L'absence ou l'insuffisance d'information sur les objectifs de l'entreprise et un doute sur son propre rôle dans l'entreprise.

Tout le monde est touché

Même si le stress affecte principalement les cadres, l'ensemble des salariés est atteint. La situation pourrait s'être dégradée depuis les mesures de réduction du temps de travail.

Comment Marc et Carole doivent-ils agir lorsqu'ils ressentent le poids du stress ? C'est surtout la situation de la prise de fonction qui est à prendre en compte : il faut accepter de reconnaître que les débuts dans une nouvelle entreprise, comme tout facteur de changement, sont initiateurs de stress. L'anxiété de performance envahit les débutants en proie à des questions qu'ils n'avaient pas, jusqu'alors, envisagées : peur de ne pas maîtriser le nouveau poste, de ne pas avoir la compétence pour le nouveau poste, peur de l'échec.

Débuter dans un nouveau poste, c'est aussi plonger dans un autre contexte relationnel, des nouvelles habitudes de communication : la première précaution consiste à lever les ambiguïtés ou les angoisses que le changement de chef génère chez les collaborateurs. Dans quel état d'esprit sont les collaborateurs ? Sont-ils prêts à accueillir un nouveau manager, un nouveau chef ? Se montrent-ils prudents dans l'expression de leurs avis ? Qu'ont-ils à gagner à l'arrivée d'un nouveau chef ? Sont-ils modernistes ou passéistes ?

Six principes pour gérer le stress de son équipe

Le manager débutant est soumis à un double défi : gérer, maîtriser et calmer son stress d'un côté et veiller à apaiser le stress légitime de son équipe d'un autre côté. Une étude révèle qu'un travailleur sur trois de l'Union européenne est concerné par le stress[1]. Le stress est une réponse à des situations ou des conditions que nous avons du mal à supporter. Une fois que les caractéristiques du stress de l'équipe sont identifiées, il est utile d'observer des principes qui faciliteront une organisation anti-stress. Encore un diagnostic à réaliser !

Installer des communications et des relations les plus empathiques possible

Selon Carl Rogers, l'empathie est à la base de l'identification et de la compréhension psychologique des autres. Dans la période à risques élevés qui est celle des débuts professionnels, Marc et Carole doivent apprendre à écouter plus qu'à parler. Comme thérapeute, Rogers[2] disait entrer dans l'univers et les sentiments de son client afin de voir les choses de la même façon que lui.

Repérer les indicateurs de stress

Il revient au manager de détecter les signes qui indiquent la présence de stress dans son service ou son unité. A chaque salarié un stress d'origine et de nature différentes. La situation professionnelle est en première ligne : manque ou excès de responsabilités, travail peu stimulant, répétitif, peu reconnu. A considérer aussi : les perspectives de carrière de chacun des collaborateurs, le niveau de la rémunération.

Pour la hiérarchie intermédiaire, le stress découle de l'isolement, de prises de décision sans concertation. Les déviances du management

---

1. Agence européenne pour la santé et la sécurité au travail (ASST), octobre 2002.
2. Carl Rogers, *Le développement de la personne*, Dunod, Paris, 1968.

sont à prendre en compte : discrédit, déni, sentiment d'abandon, brimades, abus de pouvoir, harcèlement. Pour comprendre le stress de ses collaborateurs, il faut savoir le détecter. De nombreux signes mettent en évidence le stress : physiques, physiologiques, psychologiques, comportementaux, relationnels.

L'écoute de soi est précieuse. L'intelligence émotionnelle est le ressort de l'efficacité professionnelle. Quand l'intelligence émotionnelle est touchée par un état dépressif, par un mal-être les capacités d'écoute des autres s'amenuisent. Le manager en souffrance assure difficilement les régulations nécessaires au sein de son équipe. Il y a alors risque que les tensions accaparent une part importante de l'activité de l'équipe.

Réduire toutes les incertitudes et approximations

Chaque membre de l'équipe doit recevoir des objectifs clairs et adaptés. S'assurer que ces objectifs sont bien compris. Un entretien individuel peut contribuer à éliminer une grande partie du stress des collaborateurs. La prise de fonction est la période la plus adaptée pour mettre à plat l'organigramme et redéfinir les objectifs et missions de chacun : accorder beaucoup d'attention à tous les éléments susceptibles d'entraîner de la compétition ou de l'affrontement entre les collaborateurs

Le stress sait occuper tous les espaces de la vie au travail

La qualité des relations interindividuelles dans l'équipe est un indicateur à ne pas négliger. Les salariés sont-ils disponibles les uns aux autres ? Quel est le niveau de convivialité entre eux ? Des conflits sont-ils apparents ? Les délégations sont-elles bien comprises et bien adaptées ?

Le savoir-vivre et la politesse ne s'arrêtent pas à la porte de l'entreprise : l'autoritarisme, l'infantilisation et la négation de l'autre ne sont pas propices à l'installation de rapports apaisés, gage d'efficacité individuelle et collective. L'effet du climat affectif sur le rendement au travail, sur la créativité, sur les relations avec les clients ou usagers est certain. La capacité à vivre avec l'autre, sans exacerbation des oppositions conditionne la performance de l'équipe.

Distinguer le stress individuel et le stress d'équipe

Il faut peu de chose dans une organisation pour que le stress se transmette d'un collaborateur à l'autre. Le stress ne s'installe pas par hasard : il est le résultat d'une interaction entre les acteurs et l'environnement de travail. Le stress du manager est donc à surveiller : si le manager est stressé, les collaborateurs vont ressentir ce stress qui, à son tour, va accentuer leur stress !

Construire un équilibre entre la vie professionnelle et la vie privée

Les deux vies se nourrissent mutuellement. Un manager qui investit trop la vie professionnelle au détriment de la vie privée ou familiale se fragilise : la sphère professionnelle occupe l'essentiel des préoccupations. Ne pas respecter cet équilibre, c'est s'exposer à des contrecoups qui peuvent être destructeurs. Le lien entre le stress et certaines maladies est désormais reconnu par la communauté scientifique.

Vous ne vous ménagez pas ? alors soyez prêt à accueillir vos invités : troubles digestifs, hypertension, troubles cutanés, troubles musculo-squelettiques, insomnies...

GARE À L'EXCÈS DE STRESS

Au travail, les conséquences du stress peuvent être multiples : de la simple anxiété à la dépression et parfois au suicide. Quand le stress conjugue trop de facteurs, certains salariés peuvent être victimes d'épuisement, connu sous le nom de *burn out* ou consomption.

Lorsque la pression est trop intense pendant une longue durée, les ressources internes (mentales, physiques et émotionnelles) s'épuisent laissant place à un grand sentiment de vide alors que tout paraît normal pour l'entourage. Le *burn out* s'installe progressivement même s'il donne l'impression de survenir d'un seul coup. Une grande fatigue, des douleurs intenses, de fortes migraines, sont les signes les plus évidents.

Selon Patrick Légeron[1], l'excès de stress peut être à l'origine d'un déta-chement émotionnel de plus en plus marqué qui se caractérise par *«une absence d'émotion envers les autres, voire une totale indifférence à leur souffrance».* D'abord repéré dans des professions à fort degré d'enga-gement personnel comme les soignants, les pompiers, le *burn out* est une complication grave du stress professionnel.

Le *karoshi* dépasse en intensité le *burn out :* il conduit à la mort par épuisement. Observé au Japon, il frappe des cadres qui accumulent plus de 80 heures de travail par semaine. Chaque année, 10 000 japo-nais meurent du travail.

STRESS ET DÉBUTS EN MANAGEMENT VONT EN BATEAU...

Malgré d'indéniables progrès dans la diffusion d'informations le stress reste un sujet tabou dans nombre d'entreprises. Souvent, prévaut l'idée que le stress entretient la motivation : il est alors considéré comme une valeur positive. Pour cette raison, les ravages du stress sont peu inter-rogés en entreprise. Se déclarer stressé sonne comme un aveu de fai-blesse. Le stress, c'est juste un bon sujet pour les journalistes !

Le débutant est la proie idéale du stress : peur de ne pas réussir, besoin de s'imposer dans une nouvelle équipe, de se faire reconnaître par ses collaborateurs, de résister au climat de compétition, de comprendre les particularités de l'environnement de travail... Se préparer permet de limiter l'agression. Etre conscient de son stress, c'est amorcer une démarche de compréhension et d'acceptation de ses difficultés.

Petits moyens pour affronter le stress du débutant

En période de fragilité, la gestion de son stress est primordiale. Impres-sion que le stress vous cerne ? Considérer les symptômes qui s'installent à la manière de cycles : irritabilité et impatience en premier, suivies de

---

1. Patrick Légeron, ouvrage cité.

problèmes de concentration, puis des troubles comportementaux et enfin des problèmes physiologiques. Selon les personnes, ces symptômes peuvent se combiner. Etre en veille ! Quelques conseils et précautions aisément applicables forment une efficace barrière anti-stress.

Je débute donc je m'observe

Telle devrait être la maxime des débutants. Mettre en mouvement des dispositions d'auto-observation afin d'identifier les causes de son stress. Lever le pied si le travail devient trop intense, renoncer à tout contrôler et à tout maîtriser dès les premiers jours.

Le débutant est enfermé dans une suite de dilemmes

Il doit être autonome alors qu'il découvre son univers de travail ; il doit aller vite ; il doit trouver sa place dans les changements en cours. L'isolement, l'absence de lien social ouvrent la porte à la souffrance et à la dépression. En situation de débutant comme dans les périodes de changement, affronter le stress avec succès passe par le dialogue et par la mobilisation de démarches compréhensives.

Repérer les éléments déclencheurs

- Les *stresseurs concrets* sont les plus nombreux. Ils concernent directement le travail (surcharge, tâches nombreuses qui paraissent inutiles, difficiles à planifier, morcellement du travail) ou le temps disponible (respect des échéances, impression d'être dominé par les tâches à réaliser).
- Les *stresseurs relationnels* se détectent moins aisément : ils révèlent les conflits interpersonnels, les chocs de points de vue, la gestion divergente des dossiers et des projets, les réticences de certains collaborateurs à développer une relation de coopération. Ils exacerbent la tension dans certaines réunions, bloquent l'expression personnelle, empêchent l'installation de relations authentiques.

Mon stress se nourrit du stress des autres et réciproquement

L'urgence du débutant : contraindre son propre stress et limiter le stress des collaborateurs. Comment? Chercher à identifier les problèmes des uns et des autres par l'observation, l'écoute et la discussion. La réussite à la tête d'une équipe passe par le respect des différences et des individualités : que chacun se sente reconnu comme unique fait notablement baisser le niveau de stress.

Tenir mon stress en laisse

En période d'angoisse, de pression, de compétition il est fréquent de se construire des petits enfers rapidement destructeurs. Face à une obligation, une échéance, une situation à risque, l'auto-évaluation apporte de précieux éléments d'information pour faire face aux enjeux. Ainsi, en prévision d'un entretien estimé délicat, la possibilité de se situer sur une échelle graduée de 1 à 10 permet de relativiser les risques et d'affronter plus sereinement la situation. Vous devez prendre la parole pour la première fois dans une réunion : l'auto-évaluation (atouts/points faibles) fait partie de la préparation. En fin de semaine, faire l'inventaire jour/jour de situations qui ont été qualifiées de stressantes. Noter les pensées qui leur sont associées : le recul, la prise de distance confirment-ils les sentiments et l'analyse à «chaud»?

Il y a une vie après le travail

L'équilibre entre la vie professionnelle et la vie privée est une richesse qu'il faut entretenir et préserver. Le surinvestissement dans la sphère professionnelle met en danger la sphère personnelle. Pour éviter d'être cerné par le travail, il est pertinent d'établir des priorités et de s'y tenir. Les entreprises n'ont pas besoin de surhomme. Etre sur tous les fronts mène à l'échec.

A corps et à cris

C'est une vraie compétence que de décoder les messages d'alerte qui invitent le corps à l'apaisement. Deux réponses possibles à l'agression :

- la relaxation de précaution peut se pratiquer discrètement y compris au bureau. Arrêter toute activité pendant une minute, respirer calmement, contracter et relâcher les muscles, rechercher par visualisation un souvenir ou une impression plaisante.

- La relaxation de récupération recourt à de nombreuses techniques (yoga, sophrologie...) qu'il n'est pas nécessaire de maîtriser à fond. Pour éliminer le stress, l'intention et la volonté sont primordiales.

Oser la confiance

Plus que les autres salariés, le débutant est exposé au stress : celui qu'il produit à son propre usage et celui qu'il diffuse auprès de ceux qu'il côtoie. Le stress n'est pas une fatalité : c'est son accumulation qui crée la douleur, la détresse et la dépression pour soi et les conflits avec les autres.

▊ A petites doses, le stress est plutôt positif

Il aide à répondre aux défis, il démultiplie les capacités de réflexion et il stimule la créativité. Dans les situations à risque ou perçues comme telles, l'objectif est de mettre sous contrôle ses réactions, ses attitudes et sa communication. Deux intentions guident l'action du débutant : rechercher la création de liens avec les autres et accepter les modalités de fonctionnement de l'organisation qui accueille.

▊ La meilleure potion anti-peur est la confiance

- La confiance mobilise et responsabilise
  Les débuts en management sont facteurs de stress pour soi-même et pour les autres. La confiance s'appuie sur la dignité de la personne. Elle se développe dans la dualité : la confiance en soi se construit avec la confiance en l'autre. La confiance permet de dépasser toutes les peurs pour accéder à un sens commun. La confiance fait partie de la culture ou en est étrangère : avancez par petits pas si vous découvrez que tout le monde suspecte tout le monde de toutes les turpitudes. Montrez que vous avez de la considération pour les personnes pas seulement pour les fonctions exercées. Une entreprise, un service en panne de sens, en panne de confiance en eux-mêmes ne peuvent nourrir de grands desseins ni développer des projets ambitieux. La confiance mobilise, responsabilise ; la méfiance, le goût du secret, le silence sont perturbateurs.

• Inviter à la confiance par le langage
Selon Paul Watzlawick[1], la communication interpersonnelle repose sur deux dimensions :
– Le langage digital qui porte sur le contenu, c'est-à-dire sur ce que l'on dit. Il possède une syntaxe logique et complexe ;
– Le langage non verbal qu'il désigne sous le terme de communication analogique est véhiculé par les gestes, les mimiques.
Les deux formes de communication doivent être cohérentes entre elles. *«Tout comportement a valeur de message»*, précise Watzlawick.
La souffrance professionnelle trouve son origine, comme le montre Christophe Dejours[2], dans les nouvelles formes d'organisation du travail (flux tendu, demandes de rentabilité, de performance, délais réduits) mais aussi dans les modalités d'échanges langagiers. Le langage digital et le langage analogique utilisés par un manager sous l'emprise du stress déclenche en retour une cascade d'états émotionnels qui contribuent au stress du salarié. Le manager autoritaire, «cassant», méprisant suscite le conformisme et la soumission.

• Inviter à la confiance par disponibilité aux autres
Le manager stressé ou agressif a des difficultés à affirmer son autorité. C'est par la maîtrise de la communication que l'autorité s'exprime. Selon Eric Albert[3], elle s'appuie en grande partie sur une communication non verbale perçue comme calme et ferme à la fois. Le manager agité, qui coupe la parole, qui élève la voix ou qui adopte une attitude de mépris développe son propre stress et celui de ses collaborateurs.
Restaurer des formes élémentaires de politesse ou de civilité là où les rapports de domination ont longtemps prévalu aide à débloquer des situations qui semblaient sans issue. Tout message, tout sentiment ne transite pas seulement avec les mots mais mobilise toutes les ressources du corps : c'est l'interaction de ces éléments qui donne sens au message. Souriez, on vous regarde !

1. Paul Watzlawick, J. Helmick Beavin, Don D Jackson, *Une logique de la communication*, Le Seuil, Paris, 1992.
2. Christophe Dejours, *Souffrance en France*, Le Seuil, Paris, 1995.
3. Eric Albert, *Le manager est un psy*, Editions d'Organisation, Paris, 1998.

© Éditions d'Organisation

Ils témoignent...
Véronique, directrice de service, Fonction publique territoriale

«Je savais que j'étais la quatrième chef que le service prenait en 5 ans... en fait l'ambiance était détestable. Personne ne parlait à personne. Il y avait une réunion chaque lundi matin où le directeur donnait ses consignes pour la semaine et tout le monde repartait sans avoir pris la parole. Chacun voulait vite repartir à ses dossiers sans se soucier du collectif. Dès mon arrivée, je suis allée faire le tour des bureaux pour me présenter et j'ai demandé à chaque responsable de dossier de faire un point rapide d'information ; ça n'a pas été un franc succès mais j'ai remarqué deux personnes qui avaient préparé un vrai exposé... j'ai demandé au directeur de me confier la direction de la réunion suivante. Il a bien voulu jouer le jeu. Je me suis située en animatrice de réunion plus qu'en chef de service, j'ai tenté de faire circuler la parole. Après plusieurs réunions, les choses allaient mieux ! Petit indice, presque tout le monde se disait bonjour le matin. »

L'autorité du manager repose sur son estime de soi

La confiance permet de construire l'estime de soi de celui qui la donne et de celui qui la reçoit. C'est le rôle du management d'aider à développer et maintenir une bonne image de soi. Toutes les marques d'attention, de stimulation, de reconnaissance positive aident à l'élaboration de l'estime de soi. Il importe donc d'utiliser un langage non évaluatif, sans jugement : distinguer ce que fait le collaborateur (la tenue de son poste, ses performances) de ce qu'il est (son caractère, sa personnalité).

François Lelord et Christophe André rappellent[1] l'importance de l'estime de soi dans l'activité de management : *«Développer l'estime de soi de ses collaborateurs devrait être l'objectif de toute personne chargée d'animer une équipe. Les conséquences sur leur bien-être et sur leurs performances sont évidentes».*

Les auteurs décrivent les comportements des managers qui ont des conséquences négatives sur l'estime de soi des salariés et qui interdisent des relations professionnelles fondées sur la confiance.

---

1. François Lelord, Christophe André, *L'estime de soi*, Odile Jacob, Paris, 2001.

■ Des attitudes qui génèrent un stress de haut niveau

- Critiquer systématiquement la personne et ses comportements ;
- Mettre en avant les erreurs commises ;
- S'approprier sans ambiguïté les travaux réussis ;
- Utiliser un langage irrespectueux : dévalorisation, moquerie, discrimination, sexisme, harcèlement ;
- Pratiquer de la confusion en donnant son sentiment sur les traits de personnalité ;
- Insister sur les résultats escomptés sans jamais parler des moyens affectés pour les atteindre ;
- Laisser planer un doute sur le devenir du poste de travail, sur l'entreprise ;
- Mettre en échec à tour de rôle chaque collaborateur pour mieux maîtriser la relation hiérarchique.

L'engagement professionnel excessif est une source importante de stress. Il y a risque important de stress quand la personne ne reconnaît que son activité professionnelle comme moteur de son existence. Managers et collaborateurs sont dans le même bateau.

■ L'estime de soi professionnelle est une composante de l'estime de soi globale

Qu'elle devienne prédominante, alors la personne court le risque d'être dépendante de son univers professionnel. Une vie harmonieuse repose sur une organisation triangulaire dont les trois sommets sont égaux : vie professionnelle, vie familiale, vie sociale et culturelle. L'équilibre entre ces trois pôles prévient le stress excessif.

Signes de reconnaissance

Les signes de reconnaissance sont indispensables à l'équilibre psychologique. Bien gérer les relations avec ses collaborateurs, c'est d'abord savoir envoyer les signes de reconnaissance les mieux adaptés à chacun.

> **MANIEZ AVEC PRECAUTION LES SIGNES DE RECONNAISSANCE**
>
> - Les signes positifs conditionnels apportent des encouragements à persévérer; ils stimulent le désir de bien faire; ils sont efficaces dans les phases délicates de conduite de projet;
> - Les signes positifs inconditionnels renforcent l'estime de soi, développent l'assurance et la sécurité dans la relation; c'est la sincérité et la vérité qui sont garantes de son efficacité;
> - Les signes négatifs conditionnels sont utilisés dans les périodes d'évaluation; ils signalent ce qui peut être amélioré sans aucune connotation positive pour le destinataire;
> - Les signes négatifs inconditionnels sont à proscrire; ils ont des effets destructeurs pour les destinataires; ils attaquent l'estime de soi; le sujet a du mal à oublier les circonstances d'énonciation; ils favorisent les conflits interpersonnels et les attitudes de désengagement.

S'il est vrai que l'affectif joue un rôle considérable dans le travail, il ne doit pas pour autant être érigé en règle. Nicole Aubert et Vincent de Gaulejac dénoncent[1] le système *«mamaginaire»* fondé sur deux principes, la symbiose individu-organisation et la canalisation psychique de l'énergie de l'individu. L'objectif est de susciter un mécanisme d'adhésion extrême lié étroitement aux intérêts du salarié. A la première difficulté, la désillusion est vive. Le recours aux signes de reconnaissance ne doit pas faire oublier la relation contractuelle que tout salarié doit obtenir de son employeur. Dans cette transaction, l'entreprise et le salarié doivent savoir, ensemble, jusqu'où ils peuvent aller.

Pour un management anti-stress, pensez à déléguer

La lutte contre le stress doit être pensée à plusieurs niveaux. A considérer en priorité, l'habitude de traiter toute affaire en urgence avec comme valeur extrême la vitesse absolue. Les managers ont leur mot à dire pour limiter leur stress et celui de leur équipe : mieux valoriser leurs collaborateurs, donner plus de sens au travail, donner de l'autonomie.

Apprendre à gérer son stress permet de développer l'efficacité au travail.

---

1. Nicole Aubert, Vincent de Gaulejac, *Le coût de l'excellence*, Paris, Le Seuil, 1991.

▧ Déléguer nécessite quelques précautions d'usage

La délégation est un des outils que tout manager peut mobiliser sous réserve de quelques précautions. Elle consiste à confier à un collaborateur des responsabilités dont les objectifs sont précis et délimités, élaborés en commun et dont les moyens alloués sont réfléchis. Elle précise les points de contrôle en cours de route et en fin d'exercice. Elle est en outre l'expression d'une confiance entre délégant et délégataire : elle est donc le transfert d'une part de l'autorité du responsable. Celui qui la reçoit agit en nom et place de celui qui l'a attribuée. Elle suppose une part d'autonomie dans les méthodes et l'organisation du délégataire. Ce n'est pas un outil banal de management. Hâtivement préparée, définie avec approximation, imprécise quant aux modalités d'évaluation, la délégation devient rapidement anxiogène et génératrice de stress.

▧ La délégation peut être facteur de stress

La délégation est un facteur de stress quand :

- Elle est fondée sur la peur : peur du délégant qui abandonne une tâche et qui a du mal à accepter qu'une tâche puisse être accomplie par quelqu'un d'autre, peur du délégataire qui craint de ne pas pouvoir faire face ;
- Elle est versatile : elle peut être retirée au premier obstacle ;
- Elle s'appuie sur un sentiment de méfiance entre les partenaires : que veut le délégant ? Quelle est la marge de négociation du délégataire ?
- Elle s'installe dans un contexte de management autocratique : difficulté du délégant à l'expliquer et crainte du délégataire d'être débordé ;
- Elle refuse de prendre en compte le droit à l'erreur ;
- Elle ne dépasse pas le stade de la répartition du travail dans une équipe ou quand elle est utilisée pour tester un collaborateur ou un débutant ;
- Elle n'est pas expliquée et quand le responsable n'accorde pas le temps nécessaire pour la présenter au délégataire ;
- Elle découle d'une injonction paradoxale : le délégant annonce ses choix et ses préférences ;
- Elle présente des délais irréalistes : la délégation est un piège ;
- Elle n'apporte pas les moyens indispensables ;
- Elle dépasse le savoir-faire et les ambitions du délégataire.

Réussir une délégation, c'est respecter des principes où la communication prend une part prépondérante.

> ## QU'EST-CE QU'UNE DELEGATION?
>
> - La délégation n'est ni un ordre d'exécution ni un savoir *faire faire;*
> - La délégation est un processus qui représente pour les deux parties une prise de risque : le délégant n'abandonne pas sa responsabilité en renonçant à une partie de son pouvoir; le délégataire se confronte à de nouvelles difficultés qui accroissent sa compétence globale;
> - La délégation ne fait pas l'objet d'une supervision permanente de la part du responsable hiérarchique mais d'un contrôle régulier défini à l'avance;
> - La délégation ne s'impose pas : elle s'appuie sur la connaissance du potentiel du salarié;
> - La délégation résulte d'une discussion et d'une négociation entre le délégant et le délégataire;
> - La délégation ne porte pas sur des travaux trop faciles ou loin des objectifs de la mission ou du poste de travail; elle ne signifie pas non plus se décharger des tâches que l'on n'aime pas faire ou que l'on n'a pas le temps de faire;
> - La délégation concerne toujours un collaborateur de l'entourage immédiat du délégataire;
> - Une délégation réussie ne doit pas être reconduite sans évaluation ou réexamen de la situation.

Pour aboutir, une délégation se traite sans précipitation : elle est discutée et si possible, négociée. Elle se construit comme un processus dans lequel le délégant prend le temps nécessaire de préciser les rôles de chacun et définit les modalités de régulation et d'évaluation. Ainsi clarifiée dans son fonctionnement et ses objectifs, la délégation offre le minimum de prise au stress pour les deux parties

Fixer des objectifs

«Il ne comprend pas ce que je lui demande» tonne le responsable. *«Il ne sait pas ce qu'il veut»* s'insurge le collaborateur. Quand il y a cacophonie sur les objectifs et les résultats, le stress est en embuscade. Ce qu'il faut entendre par objectif? Un objectif est un but rendu opérationnel.

L'objectif n'est pas le résultat. Pierre Caspar et Jean-Guy Millet précisent que l'objectif est *«une anticipation dynamique de l'avenir que permet l'action»*[1].

---

1. Pierre Caspar, Jean-Guy Millet, *Apprécier et valoriser les hommes*, Editions Liaisons, Paris, 1990.

La plupart des auteurs s'entendent déterminer les principales caractéristiques des objectifs :

QU'EST-CE QU'UN OBJECTIF ?

- L'objectif est rédigé en termes simples, positifs et concis. Sa rédaction
  privilégie les termes concrets ;
- Il est lié à une situation précise : dans le cadre d'une délégation, par
  exemple, il fixe les limites et les marges d'initiative ;
- Il relève de la responsabilité effective de la personne : il doit donc toujours être accepté. En cas de résistance ou de doute quant à la réalisation, le manager n'impose pas son point de vue par la force de son
  statut mais explique sa nécessité ;
- Un objectif est mesurable, quantifiable. Il est toujours associé à un
  délai de réalisation ;
- Le manager et le collaborateur se sont assurés de disposer d'une
  énergie suffisante : temps, savoir-faire, moyens ;
- Un objectif individuel doit être cohérent avec les objectifs de l'unité,
  du service ou de la direction. Il est réaliste, ni minimaliste ni maxima-
  liste. Un objectif dont le but est la quantité doit être pondéré par un
  autre objectif dont le but est la qualité ;
- Chaque objectif se situe dans un rang de priorités : la cascade
  d'objectifs n'installe pas une délégation dans la sérénité.

Fixer des objectifs ou demander à son supérieur hiérarchique des
objectifs clairement élaborés apaise le climat relationnel. Le rôle stimulant, la fonction de guide et d'orientation, la finalité de contractualisa-
tion de l'objectif réduisent les risques de conflits ou d'incompréhension
entre délégants et délégataires.

STRESS : ENCORE UNE AFFAIRE DE COMMUNICATION ?

Lorsque des salariés évoquent l'origine du stress dont ils sont victimes, le
style de communication du manager ou du supérieur est souvent mentionné. C'est le langage utilisé par les managers qui est le plus souvent mis
en accusation. La peur, le sentiment de domination, l'impression d'être
oppressé, la soumission, le jugement, la violence verbale, l'impossibilité de
dialoguer sont les comportements qui génèrent les plus vives tensions.

Le langage a un rôle déterminant dans le développement des émotions, des angoisses et des sentiments. Pour que la communication interpersonnelle ne soit pas perturbée par des réactions routinières et irréfléchies, il est nécessaire de mettre en œuvre des échanges fondés sur le respect de l'autre et l'empathie.

Ouvrir de nouvelles fenêtres

Le management, les situations hiérarchiques ne sont pas des instances d'affrontement mais des lieux de coopération. L'irrespect du manager produit immanquablement la souffrance du collaborateur. La colère et le sentiment d'injustice du salarié entretiennent la domination du manager autoritaire. Halte au feu !

▧ La communication est un processus

En situation professionnelle, comme dans la vie personnelle le style de communication de l'un influe sur le comportement de l'autre. La communication est un processus[1] où les parties prenantes gagnent à reconsidérer la façon dont elles s'expriment et s'écoutent.

▧ Initier une démarche de communication

Quatre critères sont à considérer pour initier une démarche de communication fondée sur la bienveillance et la compréhension de la logique sociale et culturelle des partenaires. Elle suppose une activité réflexive fréquente :

- A intervalles réguliers si possible chaque jour, isoler une situation de communication récente (rassembler des éléments concernant les personnages impliqués, les enjeux, le lieu, la durée, le résultat....). Distinguer dans cette situation les jugements et les évaluations ;
- Faire l'inventaire des sentiments qui découlent de cette situation (sentiments personnels, auto-évaluation, éléments positifs, points à améliorer, obstacles...). Ne pas mêler à ces sentiments des interprétations et des jugements ;

---

1. Marshall B. Rosenberg, *Les mots sont des fenêtres (ou bien ce sont des murs). Initiation à la communication non violente*, Syros, Paris, 1999.

- Lister les besoins qui sont liés à ces sentiments (besoins personnels, professionnels, besoins de repères dans le contexte de l'échange...) ;
- Rechercher les ressources nécessaires à la satisfaction de ces besoins.

Ils témoignent...
Ghislaine, assistante de direction

«Le directeur de l'établissement est toujours énervé. Il parle fort et vite. Il n'écoute jamais les réponses que je donne à ses questions. Il a sa manière de voir sur tout. Par exemple pour les courriers, il m'impose des façons de faire que j'essaie de respecter. Si une rédaction ne lui convient pas, il la retourne corrigée au stylo rouge avec des appréciations sur mes qualités de rédactrice. Parfois, il arrive dans le bureau et il s'en prend à moi. Les autres disent qu'il est risible. Moi, je suis terrorisée. A ce moment-là je réponds n'importe quoi, je sens que je perds pied. C'est vrai que dans ces moments-là je ne peux plus travailler correctement parce que je pense qu'il va revenir. Il dit que je suis lente».

Quand la communication bouscule le management

Dans un cadre aussi ordonné que celui du management, la communication est une relation dissymétrique. L'entretien annuel d'évaluation est l'exemple de ce déséquilibre : l'initiative appartient au responsable hiérarchique. Ce type d'entretien a pour objet de faire savoir à un collaborateur direct comment son travail, son attitude, sa manière de faire sont perçus ; il permet d'indiquer les marges de progrès que le salarié peut explorer.

■ Communiquer en s'attachant à préserver la qualité de la relation

Certaines façons de communiquer incitent à des comportements qui ne correspondent pas à la volonté intime de la personne. Quand un comportement négatif est amorcé, il est difficile aux parties concernées de trouver une issue honorable. Il renforce le déséquilibre inhérent à la communication professionnelle.

Une communication respectueuse des autres doit s'attacher à préserver la qualité de la relation. Tout excès de langage est une entrave au développement d'un management coopératif. Certains modes de communication hypothèquent l'avenir de la relation et sont des portes ouvertes sur un stress collectif.

Proscrire certains modes de communication

- JUGER

  Les jugements moralisants (reproches, dénigrements, diagnostics de personnalités, étiquetages, comparaisons) enferment les acteurs dans une approche binaire de la relation (le bien et le mal, le bon collaborateur et le mauvais adjoint, la bonne procédure, le mauvais choix...). Ces jugements moralisants négatifs ne peuvent être confondus avec les jugements de valeur[1] qui dévoilent les convictions personnelles fondamentales. Cataloguer ses collaborateurs, favorise l'émergence de conflits ;

- ADOPTER UNE DEMARCHE DIRECTIVE OU PERSUASIVE

  Le manager qui se prévaut de son statut pour exiger des comportements conformes à ses attentes laisse implicitement entendre que la non-satisfaction de cette exigence entraînerait des reproches ou des représailles. Plus le style de management choisi par le responsable s'approche d'une démarche directive ou persuasive, plus le pouvoir d'exiger est fort. Sans chercher à susciter l'adhésion le management affaiblit l'engagement des salariés et leurs relations avec l'entreprise. Eviter que l'évaluation personnelle soit la seule possible, éviter la confusion entre prédiction et certitude ;

- ADOPTER UNE DEMARCHE EVALUATIVE

  Un message à orientation évaluative laisse entendre une critique à l'interlocuteur qui ne peut que résister à ce qui lui est dit. Quand cette résistance s'intensifie elle occupe l'ensemble des préoccupations et bloque l'échange entre le manager et le personnel. Le sens de la communication est détourné quand l'un des partenaires est entraîné dans une réaction de défense plus que dans une attitude de compréhension. Préférez les observations et les remarques circonstanciées aux généralisations et affirmations d'autorité, évitez

---

1. Marshall B. Rosenberg, ouvrage cité.

l'emploi d'adverbes ou d'adjectifs qui n'indiquent pas explicitement s'ils marquent un jugement ou une observation[1] ;

- UTILISER UN LANGAGE INAPPROPRIE
L'utilisation d'un langage ambigu, mal adapté à l'interlocuteur ou sans cohérence avec le contexte de l'échange est source d'interprétations nuisibles. Faire coïncider le message reçu avec le message émis est une des difficultés de la communication humaine. Les formulations imprécises, équivoques ou abstraites ne peuvent aider à l'émergence d'un management efficace. Quand le manager présente ses attentes à une ou plusieurs personnes, son expression doit indiquer clairement le résultat qu'il souhaite obtenir.

La communication est un système

Les règles de la communication interpersonnelle, définies par l'approche systémique en psychologie de la communication sont au cœur de la relation professionnelle. L'univers de travail s'apparente à un système dans *«lequel le comportement de chacun est lié au comportement de tous les autres et en dépend»* note Paul Watzlawick[2].

Moins ces règles seront respectées par le manager plus la communication avec les collaborateurs risque de se saisir de prétextes pour prendre une tournure pathologique et pour engager au moins l'un des partenaires dans la spirale du stress.

■ **Respecter les trois principes essentiels sur la communication...**

- «On ne peut pas ne pas communiquer»
Dès lors que deux ou plusieurs personnes se trouvent ensemble elles ne peuvent refuser de communiquer. La parole, les gestes et même le silence sont les vecteurs de l'échange. Les managers doivent être particulièrement attentifs à leur comportement car il n'existe pas de situation où la communication serait évacuée. Le manager qui ne s'adresse au personnel que pour transmettre des consignes ou donner des ordres ne se représente la communication interpersonnelle que sous un jour utilitaire ;

---

1. Idem.
2. *Une logique de la communication*, ouvrage cité.

- Besoin de s'expliquer?
  Inutile de répéter : ayez recours à la *«métacommunication»*, c'est-à-dire communiquez sur la communication! Cette technique permet à toute personne d'expliquer ses propos pour qu'un interlocuteur en saisisse tout le sens. Dans un échange de points de vue, la *métacommunication* dissipe les contresens et les interprétations. C'est un moyen très précieux dans les entretiens et dans les réunions;

- La qualité d'un message repose sur sa clarté et l'absence d'arrière-pensée chez l'émetteur.
  Une forme contre-productive de communication est nommée *double contrainte*. Le message transmis contient en lui-même sa propre négation. C'est le modèle de la formule *«soyez spontané!»*. Le récepteur d'un tel message est placé dans une situation que Watzlawick qualifie *«d'intenable»*. Ce sont les consignes imprécises, l'impossibilité de *métacommuniquer*, les paradoxes, les demandes de comportement qui constituent des exemples de double contrainte. C'est l'exemple de ce chef de service qui dans son discours de prise de fonction s'exclame : *«Je demande à tous de la convivialité et de l'humour»*. L'injonction consiste à chercher à obtenir un comportement qui ne peut faire l'objet d'une demande.

■ ...pour éviter de transmettre stress et tension dans les relations

Réfléchir à son style de communication est le moyen que tout manager peut mobiliser pour ne pas transmettre du stress ou de la tension dans les relations les plus banales liées à sa fonction. Maladroitement ou malencontreusement propagé dans un service ou une équipe, le stress est résistant. Il est souvent à l'origine de conflits tenaces.

Evaluez votre niveau de stress

Savoir déterminer son niveau de stress est utile surtout en toute circonstance. Le débutant comme le manager confirmé tireront beaucoup d'avantages à s'auto-évaluer régulièrement. Parfois des mesures d'urgence peuvent être salutaires. Le test d'autodiagnostic ci-dessous propose une évaluation de premier niveau.

▦ Donnez votre réponse

		Jamais	Rarement	Parfois	Souvent
1	J'ai du mal à me réveiller				
2	J'ai besoin de faire les mêmes gestes à des moments précis de la journée				
3	Je me sens fatigué				
4	J'ai tendance à être énervé, contrarié pendant le travail				
5	J'ai des difficultés à supporter l'autorité et à me soumettre aux demandes de la hiérarchie				
6	Je suis sujet à l'insomnie				
7	Il m'arrive d'avoir peur de ne pas être à la hauteur ou d'être licencié				
8	Je suis inquiet ou même pris de panique quand il s'agit de parler en public				
9	J'ai souvent mal au dos, aux articulations				
10	Je cède facilement car j'ai peur des conflits				
11	Je me disperse et j'entreprends trop de choses en même temps				
12	Quand je suis contrarié ou mal à l'aise, je constate que je souffre de troubles et de douleurs				
13	Je prends des décisions après avoir beaucoup réfléchi				
14	J'ai l'impression de ne pas avoir assez de temps pour faire mon travail				
15	Je suis contrarié quand les collègues ne sont pas de mon avis				
16	Les réunions de travail ou d'équipe me perturbent : il m'arrive de les éviter				
17	J'ai besoin de prendre des vitamines vers 17 h				
18	Depuis ma nomination/promotion je me suis (re)mis à fumer/l'envie de fumer me reprend				
19	Je suis facilement en colère quand les choses ne vont pas comme je veux				
20	Je me réveille entre 1h et 5 h et je pense à des choses en cours				
21	Je pense que déléguer n'est pas une bonne façon de faire				
22	Quand je suis sur une tâche, je veux respecter totalement la procédure				
23	J'augmente ma consommation de café ou je mange vite et mal quand je ressens de la pression				
24	Je souhaite que l'on m'indique non seulement les résultats à atteindre mais que l'on me donne la marche à suivre				
	Total général				

Cochez la case qui correspond le mieux au comportement qui vous caractérise en attribuant 1 point à *Jamais*, 2 points à *Rarement*, 3 points à *Parfois* et 4 points à *Souvent*.

▨ Etes-vous stressé?

Vous obtenez :

- Moins de 24 points, vous n'êtes pas stressé. Mais attention, une certaine dose de stress est nécessaire pour faire bonne figure. Dans certaines limites, le stress peut aider à surmonter les difficultés. Vite dit, la formule serait de faire l'analogie avec le cholestérol, c'est le rapport entre le bon et le mauvais stress qui est le plus important. Si votre score est très faible, il faut mobiliser vos ressources et chercher à renforcer l'estime de soi ;
- Entre 25 et 48 points, votre niveau de stress est moyen. Vous êtes sans doute en mesure de réagir positivement à toutes les difficultés que vous rencontrez. Vous connaissez vos forces et vos faiblesses ;
- Entre 49 et 72 points, votre stress est intense. Il convient de faire attention si certaines alertes reviennent trop souvent. Se ménager et prendre le temps de réfléchir peuvent être les bons leviers pour la vie personnelle et les projets professionnels ;
- Plus de 73 points. Aïe! La saturation est là. Il faut accepter de descendre du vélo. Le risque d'épuisement est atteint. Vous ne disposez plus de ressources qui pourraient vous aider à comprendre votre situation. Avez-vous bien envisagé toutes les facettes du management?

BIEN GÉRER LE STRESS

Le stress s'apprivoise. C'est avec la perception des premiers signes de stress qu'il faut agir. Le premier réflexe de la gestion du stress : être pro-actif et trouver son remède anti-stress personnel selon son profil de stressé.

■ Repérer son profil de stressé

Trois types de stressés sont répertoriés :

- le profil A, très extériorisé, souvent hyperactif,
- le profil B, qui fait preuve d'auto-contrôle et de calme face aux situations difficiles
- le profil C, qui s'oppose presque point par point au profil A, qui pratique l'analyse minutieuse de ses actes et qui cache ses états émotifs.

Les ressources internes de résistance au stress ne sont pas les mêmes pour tous.

■ Accepter de changer son comportement

La règle d'or de la gestion du stress est d'accepter de changer de comportement : pour toute décision à prendre, envisager quelques scénarios plausibles pour chercher la réponse la plus adaptée à la situation. Toute analyse d'une situation repose sur l'identification d'une stratégie selon quatre axes[1] : physiologique, psychologique, relationnel et organisationnel.

---

1. Dominique Hoareau, *Apprivoisez votre stress*, Editions d'Organisation, Paris, 2003.

CHAPITRE 7

US ET COUTUMES DU TEMPS :
VERS LE MANAGER MAÎTRE D'HEURE

> «Le temps ne se réduit pas à une "idée" qui surgirait,
> pour ainsi dire, du néant dans la tête des individus.
> Il est aussi une institution dont le caractère varie selon
> le stade de développement atteint par les sociétés».
>
> Norbert ELIAS, *Du temps*, p.18.

Les sociétés postindustrielles ont érigé la maîtrise du temps en objectif absolu. Le modèle occidental de développement accorde une valeur déterminante à la bonne gestion du temps. Optimiser son temps, gagner du temps sont, pour les managers et les organisations, des marques de progrès et de profit. Le management devient pour beaucoup de responsables le management du temps. La stratégie se transforme en «chronostratégie» où le stratège est celui qui choisit, celui qui sait s'organiser pour briser la dictature du temps[1]. Les cadres et les managers paient un lourd tribut à l'accélération du temps : journées de travail excessives, stress, dislocation de la

---

1. Bruno Jarrosson, *Briser la dictature du temps*, Editions Maxima, 1997.

vie privée et familiale. La réduction du temps de travail n'a que partiellement corrigé ces tendances. Les débutants, souvent les premières victimes des pathologies du temps, gagneront en efficacité et en qualité de vie à considérer avec attention leurs usages du temps.

DES MANAGERS MALADES DU TEMPS

Toujours plus vite! C'est le leitmotiv des cadres et responsables du public comme du privé. Une étude indiquait dès 1997[1] que 65% des cadres déclaraient travailler dans l'urgence tandis que 72% d'entre eux reconnaissaient *«avoir plusieurs tâches à gérer en même temps»*. La course à la productivité, les techniques de gestion comme le «juste-à-temps», le «zéro stock» et surtout le développement des nouvelles technologies ont installé à partir des années 80 la suractivité comme mode de gestion qui conjugue qualité et quantité de travail.

Nouvelles technologies et les maladies du temps

Irremplaçables, les nouvelles technologies arborent deux facettes contradictoires. La diffusion d'innovations technologiques de plus en plus performantes fait gagner du temps, accélère le rythme et accroît le flux des activités. Quelle entreprise songerait à récuser les bienfaits de l'informatique?

▨ Subir le syndrome de Chronos

En ouvrant des perspectives infinies au traitement de l'information, les nouvelles technologies consacrent et amplifient l'urgence pour conduire le développement des organisations. Censées faire gagner du temps, les nouvelles technologies occupent de plus en plus le temps de travail disponible. Elles sont aussi *chronophages*. Avec l'Internet le risque de fragmentation du temps s'est accru. Pour bien des cadres, travailler consiste ainsi à *zapper* d'un travail à un autre, sans réelle

---

1. Conditions de travail. Ministère du Travail, 1997.

© Éditions d'Organisation

possibilité d'approfondir ce qui est entrepris. Chacun est invité à réagir de plus en plus vite. Il en résulte un conflit entre les rythmes des personnes et ceux des machines, générateur de fatigue nerveuse et de tension mentale. L'urgence et la vitesse, quand elles sont érigées en dogmes absolus, sont tyranniques. C'est le syndrome de Chronos[1]. Ce n'est plus la durée du travail qui est source de difficultés mais son intensité, son rythme et l'encombrement extrême du temps de l'entreprise. Le temps personnel et le temps familial en subissent les conséquences.

■ Repenser collectivement l'organisation du temps

C'est collectivement que l'organisation du temps doit être envisagée. Les entreprises les plus innovantes et sensibilisées aux pathologies liées au temps de travail lancent une réflexion qualitative sur les rythmes de travail. Individuellement, le manager débutant ne peut lutter contre la pression de l'urgence extrême que par une autodiscipline qui passe par le respect d'objectifs adaptés aux situations de travail.

Savoir résister au temps réel

Désormais, le travail n'est plus organisé de façon linéaire mais dans beaucoup d'organisations en arborescence. A partir de l'ordinateur, de nombreuses sollicitations perturbent le temps de travail : le *zapping* empêche de faire la différence entre l'important et l'accessoire, entre l'urgent et l'important. Ce *techno zapping* est l'une des sources majeures du stress des managers soumis à la surinformation, à l'excès de messages souvent éphémères. C'est à chacun de trouver les «trucs» qui permettent de tirer le meilleur profit des technologies de l'information et de la communication. Quelques réflexes aident à faire face.

La messagerie est votre outil de communication privilégié? A vous d'en trouver le meilleur usage.

---

1. Denis Ettighoffer, Gérard Blanc, *Du mal travailler au mal vivre*, Editions Eyrolles, Paris, 1997.

TIREZ LE MEILLEUR PARTI DE VOTRE MESSAGERIE

- **Découvrez et traitez les messages à heures fixes :** trois plages horaires régulières (matin, midi et soir). Eteignez l'ordinateur si vous ne vous en servez pas : vous ne serez moins tenté de jeter un coup d'œil sur les derniers messages enregistrés. L'hyper-réactivité aux messages est en réalité une perte de temps, elle n'incite pas à la réflexion. Elle est même propice à la passivité. Définissez l'urgence et la priorité selon les besoins et selon le destinataire ;

- **Préparez les messages les plus sensibles et utilisez la fonction envoi différé :** vous pourrez facilement les retoucher au lieu de les envoyer en urgence. Programmez l'envoi de vos messages en fonction du moment où vous souhaitez recevoir la réponse. La boîte de réception des courriels ne doit pas devenir l'emploi du temps de la journée Une fois (ou plus) par jour, choisissez le silence : considérez le téléphone portable comme une boîte vocale. Filtrez les appels du téléphone fixe. Donnez comme consigne à vos interlocuteurs d'utiliser la messagerie plutôt que le téléphone ou la télécopie ;

- **Eloignez-vous de l'ordinateur de temps en temps :** changez de pièce pour travailler un dossier, lire un rapport, rédiger un document délicat ;

- **Ne misez pas toute votre communication sur la messagerie :** l'excès d'informations est difficile à gérer. Il perturbe les échanges interpersonnels et isole les salariés les uns des autres. Les relations émotionnelles ont leur mot à dire dans le fonctionnement de l'entreprise.

Gagner en efficacité

Gagner du temps est le plus souvent une affaire d'organisation et de définition de priorités. C'est parfois rompre avec des habitudes irréfléchies, acquises plus par facilité que par souci d'optimiser son temps. Les gains de temps sont infinis : à chacun de déterminer ce qui peut améliorer son efficacité professionnelle.

Patrick M. Georges[1], neurochirurgien et professeur de management, rappelle que nos capacités intellectuelles ne sont pas constantes et varient au cours de la journée. Il y a un temps pour la créativité et un temps pour la routine. C'est plutôt dans la matinée qu'il faut s'atteler à des tâches qui requièrent un investissement personnel important.

---

1. Patrick M. Georges, *Gagner en efficacité*, Editions d'Organisation, Paris, 2003.

Ils témoignent
Jean-François, chef de projet

«Pendant longtemps, en arrivant au bureau je commençais par allumer l'ordinateur pour lire le courrier et y répondre ; il y avait généralement beaucoup de messages auxquels je répondais immédiatement. Cela occupait une très large partie de la matinée mais j'avais l'impression de n'avoir rien fait. Régulièrement, j'avais un sentiment de vide. En fait, j'ai découvert, à l'occasion d'une surchauffe dans nos dossiers, que cela n'était pas la bonne méthode. Pendant plusieurs jours, il y avait tellement de travail que je n'ai pas ouvert la messagerie. J'ai continué ainsi et désormais je commence la lecture des messages, soit en fin de matinée, soit en rentrant du déjeuner. Je trouve que ça me va beaucoup mieux et je me sens moins soumis à des demandes extérieures que je considérais comme toujours très urgentes puisqu'elles avaient fait l'objet d'un message. Je crois que maintenant j'utilise moins la messagerie. Je suis guéri des excès de mails !».

TIREZ LE MEILLEUR PARTI DE VOS RESSOURCES PERSONNELLES

- **Préparez les courriers à risques, les messages importants la veille,** laissez-les dormir tranquilles : le lendemain, les erreurs, les excès sautent aux yeux. Procédez de la même façon pour prendre une décision importante. La nuit notre capacité de réflexion est active : les éléments pour décider s'organisent et sont plus compréhensibles ;

- **Raisonnez l'usage de la messagerie :** il est préférable de ne pas commencer la journée par la lecture des courriels. Est-ce essentiel de consulter sa messagerie en arrivant au bureau ? Travaillez dès le matin sur des sujets estimés prioritaires qui exigent une grande qualité d'attention et qui ne nécessitent pas de traiter des informations nouvelles : rédaction, analyse de documents, réflexion, résolution de problèmes ;

- **Rangez régulièrement votre espace de travail :** le désordre et l'accumulation de documents ne sont pas propices à la concentration ;

- **Sachez vous isoler** afin de ne pas laisser prise aux distractions proposées par la vie au bureau. Patrick M. Georges recommande de consacrer au moins 20% de son temps au travail solitaire nécessaire aux tâches prioritaires.

TEMPS ET MANAGEMENT

Le temps est une valeur qui appartient à tous. Gagner du temps, travailler plus vite est la demande la plus insistante des managers. La course au temps a son revers : aller plus vite, c'est augmenter la prise de risque. Il y a une limite à la vitesse : les gains sont possibles par une discipline stricte et un effort commun.

A partir d'un certain seuil les résultats sont fragiles et peuvent rapidement tourner au fiasco. La précipitation dissimule les erreurs. Pour être durables, les gains doivent être raisonnés : prendre le temps de réfléchir notamment aux orientations du management, faire les évaluations indispensables pour développer un produit ou une innovation, définir des méthodes pour travailler autrement.

Délégation, encore

La délégation des tâches est l'outil à privilégier pour améliorer sa productivité. Pour que la délégation ne soit pas vécue par le délégataire comme un abandon de la part du délégant et ne devienne pas une surcharge, il faut la systématiser.

■ Systématiser la délégation

L'efficacité de la délégation est démultipliée quand tout le monde s'y met. La faire vivre en cascade, d'un niveau à l'autre, elle enrichira les tâches des collaborateurs N-1. Pour éviter les effets de ressac au bas de la pyramide, les tâches les plus répétitives peuvent être améliorées par la technologie.

A sa prise de fonction, le débutant doit constater le niveau des délégations et rechercher à les développer. Une délégation qui est intégrée à un poste et dont la tenue est satisfaisante doit être amplifiée. La délégation ne s'use que si on ne la révise pas. La délégation enrichit les tâches de niveau inférieur : si cette condition n'est pas remplie, déléguer est un slogan stérile voire contre-productif.

▣ Déléguer individualise le management

Pour cela, apprenez à bien connaître vos collaborateurs, même si, heureusement, des zones d'ombre subsistent. Tous différents, ils sont des délégataires que vous ne pourrez pas traiter de la même façon. La délégation individualise le management. De nombreuses situations professionnelles permettent cette observation.

Pour Michel Bussières[1], certaines circonstances se prêtent plus que d'autres à l'observation des délégataires comme les situations de tête-à-tête, les réunions, les déplacements, les échanges informels, les manières de faire face aux difficultés. Il est aussi judicieux pour chaque délégataire de chercher les aptitudes à travailler en groupe et de tenir compte du mode de communication. Si le délégataire est lui-même en charge d'une équipe, l'aire d'autonomie doit tenir compte de critères tels que l'ouverture à autrui, la planification des activités, la capacité à gérer des conflits et des aptitudes comptables, recommande Michel Bussières.

Cultivez la délégation

Faites vivre la délégation comme une culture que vous cherchez à enrichir au gré des événements et de la vie de votre service.

Lire vite, lire mieux

Si régulièrement, vos activités comprennent la lecture de documents internes à l'entreprise, d'articles de presse, de dossiers, vous pouvez tirer de nombreux bénéfices des méthodes de lecture rapide. Elles offrent des petites victoires stimulantes contre la pression du temps. De nombreux ouvrages ont contribué à répandre ces méthodes[2].

---

1. Michel Bussières, Jean-Pierre Gauthier, Stéphane Savel, *Déléguer au quotidien*, Editions d'Organisation, Paris, 2003.
2. Marie-José Couchaere, *La lecture active*, Editions Chotard, Paris, 1989 ; Pierre Nicola, Jérôme de Mortemard de Boisse, *La gestion du temps*, Editions d'Organisation, Paris, 1990.

Il est tout à fait possible de progresser en respectant quelques principes issus de ces méthodes. C'est d'abord prendre conscience de ses habitudes de lecture qui permet de devenir un lecteur performant.

PRATIQUEZ UNE LECTURE DYNAMIQUE
CINQ CONSEILS POUR LES DÉBUTANTS

1. **Résistez à la tentation de «régresser».** Le retour en arrière est coûteux en temps. Il est préférable de chercher le sens de la phrase dans les mots qui suivent plutôt que dans ceux qui ont déjà été lu;

2. **Cherchez à anticiper en ne lisant pas mot à mot et considérez toujours les groupes de mots liés par le sens.** Cette habitude surprenante au début fait très rapidement gagner du temps à tout lecteur : s'obliger à repérer en priorité les mots en rapport avec le thème traité;

3. **Ignorez les derniers mots de chaque phrase et allez à la suivante :** si une phrase est comprise, lire les derniers mots qui la composent est inutile;

4. **Entraînez-vous à lire toujours silencieusement :** la lecture est une activité visuelle. Le lecteur lent est celui qui perçoit une dizaine de signes à chaque fixation des yeux. Le lecteur rapide perçoit à chaque fixation plusieurs dizaines de signes, soit cinq à dix mots. Cela est un des fondements de la lecture rapide : lire vite, ce n'est pas déplacer les yeux à toute vitesse, c'est voir plus à chaque fixation;

5. **Décidez à l'avance du temps que vous voulez consacrer à la lecture d'un document : une règle d'or!**

Lire vite est une priorité pour les managers. On ne peut lire vite que ce qui a été conçu et écrit dans cette intention. C'est aussi une compétence fondamentale pour travailler en équipe.

Repérez les spécificités des écrits professionnels et de la presse nationale et professionnelle afin de les utiliser dans vos communications : structurez vos écrits à l'image des articles de presse, recherchez des titres évocateurs et dynamiques, disposez vos textes en colonnes pour aider les lecteurs à lire plus vite.

Halte aux voleurs de temps

Le temps est un trésor qui suscite bien des convoitises. Les voleurs de temps viennent de l'intérieur et de l'extérieur de l'entreprise.

- Les premiers découlent du management qui doit s'ajuster au contexte de travail qui évolue sans cesse

---

OPTIMISEZ VOTRE TEMPS

- **Définissez pour chaque jour un plan de travail,** essayez de le respecter à plus de 50% et programmez-vous un nombre raisonnable de tâches. Apprenez à résister à la tendance à en faire trop ou plus ;
- **Apprenez à dire non** et à résister à l'habitude de certains de vos collègues, des usagers, des clients ou des responsables qui bouleversent pour un oui ou un non votre emploi du temps.
- **Utilisez la boîte vocale de votre téléphone,** définissez avec vos collaborateurs une règle générale pour prendre une communication téléphonique. Une grande partie des appels peut être traitée en amont. En cas de nécessité, faites préciser l'heure à laquelle vous pourrez rappeler votre interlocuteur : vous aurez alors l'initiative d'une communication plus facilement maîtrisable ;
- **Une fois ou deux par semaine (ou plus !) soyez en décalage horaire.** L'heure du déjeuner est immuable, entre 12 h et 13 h ? Patientez jusqu'à 13 h 30 pour vous rendre au restaurant de l'entreprise. Faites de même avec les horaires d'arrivée ou de sortie : arriver de temps en temps tôt le matin permet de travailler dans le calme et invite à finir plus tôt. Cela permet de constituer des plages horaires favorables à la concentration.

- Les seconds concernent les appels téléphoniques qui s'éternisent, les visites inopinées de collaborateurs ou de collègues en quête d'une information : évitez de pratiquer la politique de la porte ouverte, vantée comme le modèle idéal de la communication interne. Fermez la porte dès que possible et faites savoir que vous n'êtes donc pas disponible. Votre bureau n'est pas un guichet.

Gardez l'équilibre

Mais attention à l'excès ! La communication interne est une fonction plus sollicitée qu'auparavant. Quels que soient les contextes et les équipes à encadrer, le management du temps est une affaire d'équilibre. La simplification des niveaux hiérarchiques, l'organisation circulaire ou matricielle ont modifié les relations dans les entreprises. Dans ce type d'organisation, le chef doit néanmoins rester disponible et visible.

Pour ne pas maudire la prodigieuse invention de Graham Bell

La soumission des cadres à l'envahissement des messages téléphoniques est désormais reconnue. La parade repose sur quelques principes simples qui seront d'autant plus efficaces qu'ils seront partagés. S'il est sans doute difficile de discipliner les appels extérieurs, il est tout à fait possible de s'organiser en interne.

Pour se protéger des appels parasites, c'est un comportement collectif qu'il faut viser :

- Mettre son assistante ou ses collaborateurs au courant : établir une liste de consignes et de directives qui définit ce qui doit être transmis et vers quels destinataires doivent aboutir les différents types d'appel. De nombreuses entreprises ont élaboré de façon participative des guides de réception des appels. En traitant le problème de façon collective et en faisant l'inventaire des appels que chacun reçoit, les gains qui peuvent découler du dispositif apparaissent à tous ;
- Récuser la pratique confortable de la «patate chaude» : un appel vous arrive et vous doutez qu'il puisse trouver une réponse dans le service ou l'entreprise ? Jouer la solidarité, expliquer à votre correspondant qu'il fait fausse route. Ce comportement une fois admis est générateur de relations franches. Il suscite le respect mutuel ;
- Pour faire barrage aux appels importuns la forme directive n'empêche pas la courtoisie. Pour faire entendre que vous ne sou-

haitez pas gaspiller votre temps, troquer la formule choc «C'est à quel sujet?» pour celle plus consensuelle «Puis-je connaître l'objet de votre appel?» qui conduit le correspondant à se dévoiler.

Nul n'est censé ignorer les lois

Le temps est une ressource : sa gestion doit tenir compte de l'enjeu de la tâche en cours, des habitudes de travail et de l'expérience. Le débutant peut tirer profit de leur connaissance et de l'identification de ses propres tendances dans l'usage du temps.

■ **Se référer aux six grandes lois de gestion du temps...**

- LA LOI DE MURPHY : C'est la plus effrayante aux yeux des managers ! Elle prend la forme d'un postulat qui n'est vérifiable qu'à l'apparition des difficultés. Selon la loi de Murphy, la tâche à effectuer est toujours plus longue que ce qui a été initialement envisagé. Il faut donc prévoir une réserve de temps qui peut aller jusqu'à 20 % de l'estimation initiale. C'est le danger bien connu des équipes projet qui n'ont pas réfléchi à la question des délais en amont ;
- LA LOI DE PARKINSON : C'est la plus dévorante ! Elle a les traits d'une sorcière qui tourmente toujours celui qui veut enchaîner plusieurs tâches. Le travail entrepris se dilate et déborde du temps prévu jusqu'à occuper tout le temps disponible. C'est le petit dossier sur le point d'être fini et qui dévore la soirée ou le dimanche. Sa force est sans effet si un délai de réalisation est déterminé avant de commencer un travail : ne pas raisonner à partir du temps disponible mais en fonction du temps nécessaire. Elle est à l'œuvre pour les tâches intellectuelles. Elle concerne davantage le travail individuel que le travail collectif ;
- LA LOI DE PARETO : C'est la plus rationnelle mais il faut du temps pour en saisir toute la portée ! Elle illustre le débat entre l'essentiel et l'accessoire. L'essentiel représente 20 % du temps alors que l'accessoire en accapare 80 %. C'est la distinction entre l'essentiel de l'accessoire qui permet d'agir avec efficacité. Cette

loi est contredite par le choix de priorités. C'est sur l'accessoire que les gains de temps doivent porter ;

- **LA LOI DE ILLICH** : C'est la loi du bon sens ! C'est aussi le syndrome professionnel de nombre de cadres dont le temps moyen hebdomadaire de travail dépasse la durée légale. A partir d'un certain point dans le déroulement d'une activité, l'efficacité baisse. La concentration fonctionne par cycles : au-delà d'une heure et demie l'attention se disperse très vite ;

- **LA LOI DE CARLSON** : C'est elle qui convient à ceux qui sont pressés ! Si les conditions matérielles le permettent, il est préférable d'accomplir une tâche en continu plutôt qu'en la fractionnant. L'organisation est la meilleure des garanties pour optimiser son temps de travail ;

- **LA LOI DE DOUGLAS** : C'est celle de la raison ! La préparation d'une tâche (documentation, réflexion préalable) remplit toujours le temps et l'espace disponibles. La méthode de travail et l'organisation sont prépondérantes.

La condition de manager débutant n'est pas éloignée de la condition de lycéen ou d'étudiant.

Efficacité optimale

Afin d'être efficace, il est préférable de faire alterner des travaux de nature différente. C'est en variant les tâches, en s'organisant, en faisant des pauses régulièrement que l'on atteint sa meilleure efficacité.

Les situations les plus usuelles peuvent être considérées comme des galops d'essai qui obligent à s'approcher des conditions réelles : étudier un rapport, préparer un argumentaire, rédiger un article dans un temps strictement délimité sont des expériences dont l'utilité sera évidente le moment venu.

...pour une analyse régulière de ses tâches

En fin de journée ou une fois par semaine, réfléchir à son usage du temps. En référence aux quatre ou cinq tâches caractéristiques de la fonction occupée ou en considérant une tâche plutôt atypique, faire le point sur la manière avec laquelle chacune a été menée.

Deux questions gouvernent la réflexion :

- A quelle loi sa conduite se rattache-t-elle?
- Que faut-il mettre en œuvre pour améliorer la conduite de l'activité?

Temps à soi, temps pour soi

Le management est source de bonheur. Dans certaines circonstances, il se transforme facilement en une machine dévorante. Tout manager, quel que soit son niveau, doit consacrer une part de son temps à développer une source individuelle de plaisir et de bonheur. C'est, par exemple, une activité choisie par lui-même, à laquelle il peut s'investir sans aucune retenue.

Trop souvent, la *terreur de Chronos* empêche de penser à autre chose que le travail. Elle conçoit comme de futiles distractions tout engagement éloigné de la vie de l'entreprise. Ces pratiques qui peuvent être sociales, culturelles, associatives, spirituelles, individuelles ou réalisées en groupe, sont un refuge pour faire «baisser la pression». Elles servent aussi d'amortisseur en cas de coup dur professionnel ou personnel.

Ils témoignent...
Jean-Pierre, Ingénieur

«Pendant des années, chaque jour j'ai ramené du travail à la maison ; j'ai travaillé presque chaque soir bien au-delà du raisonnable. Il n'était pas rare que j'emporte des dossiers le dimanche à la campagne. Je ne m'appartenais plus. Je n'étais pas attentif à la vie de mes proches et l'échec scolaire de ma fille m'a secoué. J'ai dégagé du temps pour l'aider à faire surface et à se remettre à flot. C'est cette alerte qui m'a fait savoir que je vivais dans le culte de l'efficacité et que mes résultats n'étaient pas conformes à mes attentes. Le travail entourait toute ma vie. J'ai révisé ma façon de faire mais j'étais totalement à contre-courant. Faire cet effort, ça a été très difficile».

Autodiagnostic : l'usage du temps

■ Donnez votre réponse

		toujours	souvent	parfois	rarement	jamais ou pas concerné par cette proposition
1	En réunion, j'essaie de présenter les questions qui me tiennent à cœur					
2	Je lis mes courriels au fur et à mesure de leur arrivée					
3	Je souhaite répondre moi-même à tous les appels téléphoniques					
4	Je ne définis pas à l'avance la durée de mes activités					
5	Quand j'ai décidé de l'organisation d'une journée, je m'y tiens invariablement					
6	Quand une tâche prévue n'a pu être réalisée, je la reporte automatiquement					
7	Quand je travaille sur une tâche difficile je ne fais aucune pause car j'y consacre toute mon énergie					
8	Je vérifie à date fixe tout ce qui est réalisé dans le cadre des délégations					
9	Si je ne travaille pas dans l'urgence j'ai l'impression de ne pas être efficace					
10	Je donne la priorité au travail et je ne consacre pas de temps à la réflexion					
11	Je prends peu de notes car je compte sur ma mémoire					
12	Je tiens à classer et lire chaque jour le courrier du service					
13	J'accueille tous les visiteurs qui se présentent car ma porte est toujours ouverte					
14	J'ai du mal à respecter les délais et les dates limites qui me sont fixées					
15	Travailler vite me stresse					
16	J'ai tendance à remettre les choses à plus tard					
17	Je n'utilise pas le temps passé en déplacement ou en attente					
18	Je ne sais pas refuser une tâche hors de mes compétences					
19	Je ne définis pas ce que j'attends d'un contact ou d'un rendez-vous					
20	Je préfère le traitement individuel au traitement collectif des dossiers					

Comptez 4 points pour les réponses *Toujours*, 3 points pour *Souvent*, 2 points pour *Parfois*, 1 point pour *Rarement* et 0 pour *Jamais ou pas concerné.*

■ **Evaluez votre usage du temps**

Vous obtenez :

- Entre 60 et 80 points. vous avez mal au temps ! Prenez d'urgence un rendez-vous auprès du bon docteur Chronos !
- Entre 40 et 60 points. vous vous classez dans les personnes à risques. Considérez que des marges de progrès sont envisageables ;
- Entre 20 et 40 points ; vous avez de bons réflexes pour ne pas subir en permanence la pression du temps.
- Moins de 20 points ; Bravo ! Vous dominez le temps mais restez vigilant. Mention spéciale si vous vous approchez du grand zéro. Vous êtes en passe de trouver l'or du temps !

En résumé

Votre score doit être le plus faible possible : toutes les propositions présentent des comportements erronés.

Explications

1. Si vous n'avez rien à dire quant aux objectifs de la réunion, ne le dites surtout pas !

2. Commencez toujours la journée par l'essentiel ;

3. Filtrer est la solution choisie par beaucoup de managers pour ne pas être submergés d'appels. Faites prendre les messages quand vous voulez travailler au calme. Certains managers disent téléphoner debout pour écourter les communications ;

4. Définissez de préférence une heure de début et surtout une heure de fin ;

5. Un peu de flexibilité permet de travailler dans le confort;

6. La tâche à reporter conserve-t-elle sa pertinence et son utilité?

7. La durée optimale d'une tâche est de 50 à 60 minutes. La fatigue cérébrale ralentit toute activité. Au-delà d'une heure, il faut soit faire une pause, soit changer d'activité;

8. La délégation repose sur un diagnostic de compétence et de confiance. Le délégataire est entravé par les vérifications. Lâchez prise!

9. Faites en sorte de ne pas être centré sur le court terme. Quand la pression devient trop forte, survient ce que Nicole Aubert nomme la *«corrosion du caractère»* qui entrave progressivement la capacité à communiquer. Ceux qui la subissent sont hypernerveux, irritables, susceptibles et agressifs;

10. L'agitation est associée à la dispersion. La réflexion est utile à l'évolution professionnelle; elle favorise un bon niveau d'estime de soi. Plus les responsabilités augmentent, plus il faut consacrer du temps à la réflexion;

11. Illusion! Prendre des notes écrites peut faire gagner beaucoup de temps. Evitez de surcharger la mémoire d'éléments secondaires pour vous concentrer sur l'analyse et l'action;

12. Déléguez le tri et expliquez votre méthode ou vos exigences de classement : le courrier qui vous concerne, le courrier qui sera traité par vos collaborateurs et ce qu'il faut éliminer;

13. Fermez la porte pour travailler. Pour rencontrer un collègue, il est plus prudent de se rendre à son bureau : quitter l'espace de travail de quelqu'un est plus facile que de faire partir un visiteur;

14. Une organisation adaptée à chaque tâche fait gagner en efficacité. Négocier les délais et discuter les conditions de réalisation d'un projet confirment votre professionnalisme;

15. L'efficacité d'un manager ne se calcule pas selon son niveau de stress. Au-delà d'un certain niveau de stress, la productivité diminue. La lenteur a ses partisans;

16. Déterminer des priorités est le premier principe de l'organisation du travail;

17. Profitez de ces périodes pour faire le point et réfléchir sur le court ou le long terme ;

18. Le manager est-il une éponge ? Argumentez et discutez. Jamais un *Non* sec : proposez des aménagements, des alternatives ;

19. Erreur ! Soyez au clair sur ce qui est attendu, sur les limites. Réfléchissez aux conditions de l'entretien ou de la réunion ;

20. Le travail collectif, quand il est opportun, a une réelle efficacité. Mobilisez les outils qui facilitent le travail collectif : agendas partagés, messagerie. Préparez les réunions et adaptez les démarches de projet. N'érigez pas toutefois en dogme, le travail collectif. Certaines tâches ne peuvent pas être réalisées collectivement.

Le temps s'apprend. C'est la ressource première du manager. Progresser dans son usage du temps procède d'une démarche personnelle. C'est un objectif réaliste.

CHAPITRE 8

JEUNE MANAGER :
PERMIS DE RÉUNIONS

Les réunions incarnent le management. Avec les entretiens individuels et la prise de parole devant des publics variés, elles présentent un condensé des activités de communication des cadres et des managers. Les réunions sont le miroir des travers du management. Elles montrent aussi les qualités d'organisateur et d'animateur des responsables. Dans une société qui valorise les pratiques de communication, elles sont le point de passage obligé pour la prise de décision.

Les besoins de communication et d'échange ne doivent pas néanmoins inciter à multiplier les rencontres et les réunions, grandes dévoreuses de temps. La «réunionnite» dénonce l'excès de séquences de travail en groupe qui occupe dans certaines entreprises plus de la moitié du temps de travail des cadres et des dirigeants. Trop de réunions incitent les cadres à la méfiance vis-à-vis de cette pratique très productive si des règles strictes sont respectées.

Mal conduites ou peu préparées, les réunions sont pointées du doigt. Les participants déclarent que les réunions n'ont pas d'inté-

© Éditions d'Organisation

rêt, qu'elles font perdre beaucoup de temps et que leur organisation est défaillante.

Pour le cadre ou le manager débutant, la conduite et l'animation d'une réunion sont des défis. Il construit son image selon sa capacité à faire des réunions un investissement productif en proposant une méthodologie de travail et en gérant le temps avec efficacité.

DES RÉUNIONS PERTINENTES ET EFFICACES

L'habitude du travail en équipe et les difficultés inhérentes au fonctionnement des groupes de travail obligent à accorder une grande attention à toutes les formes de réunion.

A la fois acte de management mais aussi foyer d'anxiété, lieu de valorisation narcissique et carrefour de stratégies, les réunions auxquelles participent les cadres, ou celles qu'ils ont à conduire, obéissent à des modalités techniques dont le respect est gage de réussite. Les réunions révèlent l'envers du management. Elles renseignent sur l'état des relations interpersonnelles, sur les phénomènes de dépendance et de pouvoir au sein des équipes, sur les jeux de séduction, sur l'exercice de la parole et sur l'éthique des responsabilités.

Des principaux généraux à respecter

Une réunion idéale se déroule sans perte de temps du début à la fin. Elle a un objectif défini. Elle respecte un ordre du jour préparé. Toute réunion doit tenter de respecter des principes généraux :

- L'objectif est compris par l'ensemble de participants ;
- L'ordre du jour est conçu pour atteindre l'objectif proposé ; il est strictement respecté ;
- Les participants invités sont ceux qui peuvent contribuer au traitement des questions à l'ordre du jour ;
- Les participants se sont préparés à intervenir : les documents relatifs à chaque point sont diffusés suffisamment tôt pour être étudiés ;

• Le responsable ou le président de séance fait régulièrement des synthèses des points débattus ou rappelle les principales avancées de la réunion.

Une réunion ? Est-ce bien raisonnable ?

▇ Une réunion efficace est une réunion qui produit des résultats

L'organisation d'une réunion n'est pas toujours la meilleure réponse à une situation. Si la finalité de la réunion est la diffusion d'information, il est prudent de s'assurer qu'un autre moyen peut être utilisé pour la délivrer. Les agendas saturés en réunions désespèrent les managers. La réunion est pertinente pour un sujet sensible ou si l'avis des invités est nécessaire. Une réunion efficace est une réunion qui produit des résultats.

▇ Les freins à l'efficacité des réunions

• **Trop de réunions** : la réunion est un acte de management qui doit s'articuler avec d'autres modalités de travail. Pour le management intermédiaire, une réunion quotidienne devrait être la norme à ne pas dépasser. Dans l'entreprise en réseau où les réunions sont déterminantes, c'est la préparation qui fait la différence ;
• **Des réunions trop longues** : le défaut majeur des réunions à la française est l'absence d'information sur la durée. Annoncer la durée d'une réunion et la respecter, rassure les participants. Des réunions d'information ou d'avancement de projet, dont l'ordre du jour, connu à l'avance, est minuté peuvent se tenir en une heure ;
• **Des ordres du jour trop chargés** : établir un ordre du jour précis et minuté en fonction des sujets abordés est un gage de réussite. Il doit être communiqué dans des délais raisonnables ;
• **Des réunions mal préparées** : trois points sont à respecter ;
  – Quel est l'objectif de la réunion ?
  – Qui doit participer à la réunion ?
  – Quels sont les résultats attendus ?

Si la réponse à ces trois questions est floue, imprécise, c'est que la réunion n'a pas lieu d'être. La préparation n'est pas seulement l'affaire de l'animateur. Il lui revient d'inciter les invités à préparer la réunion en leur transmettant les documents utiles aux débats. Pour être actifs en réunion, les invités doivent disposer de temps pour se préparer ;

- **Trop de participants** : la tradition, le protocole des entreprises ou des administrations imposent parfois d'élargir le cercle des participants. Pour être efficace, il faut limiter le nombre d'invités. Au-delà de 10-12 personnes, l'animation devient difficile. Les participants non concernés s'ennuient et risquent de faire dévier les objectifs de la réunion ;
- **Une conduite défectueuse** : animer une réunion, c'est faciliter les échanges entre les participants, c'est aider les collaborateurs à produire des idées, des propositions. Rechercher les faits tangibles plus que les sentiments. C'est réguler les interventions en favorisant l'expression de tous ;
- **Des réunions, terrains d'affrontement** : l'ambiance donnée par l'animateur est déterminante. Il doit satisfaire tous les participants. Si chacun se sent respecté et écouté, la réunion devient un espace de production sur lequel le management peut s'appuyer ;
- **Des réunions sans trace ni suivi** : l'animateur doit désigner un rapporteur pour rédiger le compte rendu. C'est une fonction ingrate qu'il faut faire «tourner». Le compte rendu doit être rédigé dans un délai court.

Cibler les participants

C'est en fonction des objectifs assignés à la réunion que les participants vont être invités. Ce n'est pas le statut ou le rang qui appelle la participation à une réunion. D'autres critères sont à préférer : la compétence, l'expertise, la responsabilité d'un dossier, la place dans un projet...

Inviter de préférence des personnes :

- Dont la connaissance du sujet leur permettra d'apporter une contribution réelle ;
- Qui ont le pouvoir de décider ou de donner leur accord sur les actions à venir ;
- Qui sont responsables de la mise en œuvre des décisions ;

158

- Qui représentent tout groupe concerné ;
- Qui ont besoin d'information pour exercer leur mission.

Une réunion. Oui, mais quand?

Deux éléments sont déterminants quand il s'agit de décider à quel moment une réunion doit être organisée : la nécessité de parvenir à des résultats conformes aux attentes des responsables et des invités, et l'état de préparation des participants.

Une réunion est fructueuse :

- Quand les participants sont à leur meilleur niveau : les lundis matin, vendredis après-midi, et l'heure qui suit le déjeuner, sont à éviter ;
- Si la réunion est inscrite dans l'emploi du temps. Les réunions «surprise» doivent être l'exception. Elles perturbent l'organisation prévue de la journée de travail et ne permettent pas de se préparer mentalement ;
- Si les participants connaissent les objectifs pour affiner leur préparation, pour consulter leurs collègues, pour se documenter ;
- Si le responsable s'est assuré de la disponibilité des personnes et a vérifié l'éventuelle concurrence avec d'autres réunions, avec des déplacements ou avec des absences de certains participants.

Une réunion se construit

Une réunion est un acte de communication. Son organisation doit être réfléchie. Un plan ou «conducteur» s'impose. L'absence d'ordre du jour peut produire une réunion vagabonde, propice à tous les risques.

L'ordre du jour est le plan de la réunion

- Il permet d'affecter des degrés de priorité pour les points à débattre ;
- C'est le premier outil pour l'animation. Il est au service de l'animateur ;
- C'est un guide pour les participants ;
- C'est un élément de discipline.

■ **L'ordre du jour est rédigé avec rigueur**

- Il doit être consacré à quelques points ou sujets fondamentaux ;
- Il est organisé mais ne doit pas être un carcan pour les participants et l'animateur ;
- Il tient compte du climat interne ;
- Il est construit de telle manière qu'il permet de terminer la réunion sur une note positive.

La réunion se termine par un résumé : rappel des décisions prises, des actions qui vont être conduites prochainement, des délégations, des missions confiées aux participants.

Une réunion. Oui, mais où ?

L'environnement matériel d'une réunion a un effet significatif sur l'ambiance psychologique, et sur son résultat. L'espace retenu est conforme au nombre de participants. Les résultats, l'ambiance sont meilleurs quand les participants se sentent à l'aise dans leur environnement. Le confort facilite la concentration et la détente.

■ **L'environnement matériel d'une réunion influence son efficacité**

Dans la mesure du possible, il faut tenir compte des éléments suivants :

- La taille de la salle est en rapport avec le nombre de participants ;
- L'éclairage et l'acoustique sont de bonne qualité et identiques pour tous ;
- Toute possibilité de dérangement est écartée dès que la réunion est commencée.

■ Organiser la salle de réunion

L'organisation de la salle dépend du nombre de participants, de la technique d'animation et du management en vigueur dans la structure.

Cinq dispositions de salle sont couramment utilisées :

- La disposition de bureau convient pour un nombre restreint de participants et des réunions courtes ;
- La disposition autour d'une table de conférence favorise les échanges intenses et approfondis ;
- La disposition en U convient pour des réunions de discussion et des groupes de 25/30 personnes ;
- La disposition en salle de classe est satisfaisante pour des réunions d'information descendante mais ne favorise pas la communication entre les participants et entre les participants et l'animateur ;
- La salle de conférence permet d'informer des groupes très nombreux mais induit un comportement passif.

■ La place des participants est importante

Dans la plupart des réunions, elle est à l'initiative des participants qui s'installent selon leur ordre d'arrivée. L'animateur peut, dans certaines circonstances, affecter chaque invité à une place. Il est préférable de ne pas placer face-à-face les personnes en situation conflictuelle. De même, les participants connus pour s'opposer systématiquement ou pour faire de l'obstruction ne sont conviés que si leur présence s'avère indispensable aux travaux.

Des réunions réussies

Diriger une réunion s'apprend. L'animateur doit développer des attitudes de confiance, de calme et de compétence. L'élément fondamental est la compétence à maîtriser les débats et à maintenir les participants dans les limites de l'ordre du jour.

ANIMATEUR, RÉUSSISSEZ VOTRE RÉUNION !

- **Connaissez le public invité** afin de prévoir, d'anticiper les comportements et de comprendre les positions et les attitudes : pour une réunion «en interne», une information actualisée sur les statuts, les rôles et les enjeux de chacun est précieuse ;
- **Adaptez votre technique de communication au public** dans tous les échanges avec les participants : posez des questions ouvertes qui facilitent le recueil d'un maximum d'idées et d'opinions. Faites préciser les réponses par des questions fermées. Sollicitez des faits pour ne pas en rester sur des impressions ou des intentions. Reformulez les réponses obtenues pour vérifier si elles sont partagées. Faites des synthèses régulières ;
- **Examinez les suggestions et les opinions de chacun :** c'est le principal stimulant de la participation. Evitez toute attitude brutale qui serait perçue négativement. Recourez à un langage mesuré bannissant tout excès ;
- **Soyez vigilant sur la gestion du temps :** éliminez toutes les tentations pour perdre du temps et déjouez les tentatives de certains de vous en faire perdre. La gestion du temps peut être confiée à un participant ce qui permet d'être plus disponible pour le rôle d'animateur ou pour endosser le leadership de la réunion ;
- **Respectez les rituels propres à chaque entreprise :** une réunion débute par un préambule qui permet de recadrer le sujet, de rappeler les règles du jeu et de maîtriser le déroulement ultérieur de la réunion. Traquez les voleurs de temps ! Ils chassent en horde dans les réunions. Il faut savoir identifier les profils les plus connus :
  - les *sauterelles* passent d'une idée à l'autre et excellent en digressions ;
  - les *trappeurs* savent mettre en cause les collègues absents ;
  - les *agendas* cachés font surgir des problèmes totalement étrangers à la réunion ;
  - les *phraseurs* se cachent derrière un langage vide et précieux.
- **Invitez les participants qui n'ont rien à dire sur un sujet à ne pas le dire !** Si certains tergiversent, incitez-les en douceur à être précis et à en venir aux faits.

Du côté des participants

La vie professionnelle permet aisément de passer de la position d'animateur à la fonction de participant. La responsabilité d'un participant est de contribuer au travail qui s'accomplit dans la réunion. Aucun

© Éditions d'Organisation

participant ne devrait assister à une réunion en restant silencieux et en ne prenant pas part à l'action en cours.

Un participant efficace développe une écoute active, il sait intervenir avec pertinence. Si besoin, il exprime son désaccord ou ses idées de manière constructive et dans le respect des personnes présentes.

Ecouter en réunion

L'écoute en réunion a son écologie. Elle se construit en :

- Rencontrant fréquemment le regard de l'animateur ou de l'intervenant ;
- Eliminant les pensées, points de vue sans rapport avec le sujet ;
- Se concentrant sur les mots clés ou les idées majeures qui sont débattus ;
- Prenant des notes ;
- Attachant plus d'importance au fond qu'à la forme des interventions ;
- Décodant les effets de séduction de certains participants.

Intervenir en réunion

- Analyser sa proposition et s'assurer que la forme envisagée est en concordance avec les attentes et les besoins du groupe ;
- Mettre au point une présentation de ses idées ou de ses propositions de sorte que les avantages l'emportent sur les inconvénients ;
- Présenter toujours les aspects concrets de la proposition défendue et intervenir pour enrichir le débat à l'aide d'éléments ou d'arguments adaptés à la situation ;
- Repousser deux tentations : ne pas se centrer ou réagir sur des détails non pertinents ; ne pas interrompre un participant en contrant ses arguments ou ses positions ;
- Intervenir de préférence en rappelant les derniers propos tenus ou une intervention qui paraît significative dans le but de l'enrichir ou d'en contester la validité.

La place des documents visuels

L'utilisation de documents visuels a une grande influence sur le déroulement d'une réunion. Les aides visuelles améliorent les résultats et le déroulement de la réunion. Les présentations animées, type Power

Point, ne condamnent pas l'usage des «transparents». Ils peuvent être réalisés rapidement tout en étant d'une bonne lisibilité.

Le recours aux aides visuelles (transparents, diapositives, cartes...) facilite la réception, l'assimilation et la mémorisation de données sur lesquelles l'animateur veut attirer l'attention. Elles permettent d'écourter certaines réunions et facilitent le dialogue avec la salle. L'animateur peut insister sur des points qu'il souhaite approfondir. La prise de décision peut s'en trouver facilitée.

■ Enrichir la réunion grâce aux aides visuelles

- Annoncer les visuels avant de les montrer par une courte phrase : l'information attendue est mieux assimilée ;
- Etre en avance sur l'auditoire : susciter l'intérêt des auditeurs en annonçant le sujet qui va être présenté ;
- Commenter les visuels au lieu de paraphraser le message projeté : dégager l'idée générale, mettre en valeur les grandes lignes avant d'insister sur un détail ;
- Aider l'auditoire à se repérer sur l'écran pour faciliter la lecture du document ;
- Pointer sur le projecteur pour garder le contact visuel avec les auditeurs et observer leurs réactions.

■ Déterminer les qualités d'un bon visuel

Un visuel doit répondre à des normes de base pour illustrer les propos de l'animateur :

- Il souligne les informations essentielles comme un titre de journal : utiliser des mots courts et concrets. Préférer les verbes d'actions et les mots clés aux messages sous forme de phrases ;
- Il met en relief et développe une seule idée : l'aide visuelle permet d'être précis et élimine tout détail inutile. Il permet le gros plan avec arrêt sur image ;
- Il est d'une lecture aisée : le commentaire et les explications qui l'accompagnent permettent d'introduire des concepts et des données peu familières aux participants ;
- Selon l'objectif de la réunion, il revêt plusieurs fonctions. Il oriente la réflexion, il souligne les points essentiels, il aide à la compréhension de données chiffrées, il facilite les comparaisons.

Les aides visuelles soulagent la prise de notes des participants, et valorise la position de l'animateur. Le nombre des aides visuelles utilisées varie avec la durée de la réunion. La succession trop rapide d'images détourne l'attention des auditeurs : ne pas présenter plus de trois transparents par tranche de 10 minutes. Distribuer en fin de réunion ou d'exposé la version papier des transparents ou des diapositives est toujours apprécié des participants.

Diriger une réunion.
Ce que je fais, ce que je vais faire

Convoquer une réunion ne s'improvise pas. Chaque étape nécessite une préparation adaptée à la situation. Pour réussir une réunion, le manager doit accorder la même attention à chacune : préparation, déroulement et exploitation.

Autodiagnostic des tâches réalisées avant une réunion

Chaque item peut être adapté au contexte de l'entreprise et à la pratique usuelle des réunions. Les réunions ont plus de chance d'être efficaces si l'on obtient le plus de réponses dans les colonnes 1 et 2. Le même mode d'autoévaluation est retenu pour les autres questionnaires. Avec un peu d'expérience dans la conduite des réunions, le résultat à chaque grille devrait être proche du maximum !

Préparer la réunion

La préparation d'une réunion comprend trois niveaux : un niveau psychologique, un niveau fonctionnel et un niveau matériel. Le rendement d'une réunion se joue en amont de sa tenue.

		1 Toujours	2 Le plus souvent	3 Parfois	4 Jamais	5 Pas concerné
1	Je communique à tous les participants l'ordre du jour de la réunion					
2	Je fais parvenir aux participants les documents de travail au moins une semaine avant la réunion					
3	Je construis l'ordre du jour au fur et à mesure que je prépare la réunion					
4	J'élimine tous les points qui ne sont pas conformes à l'ordre du jour que j'ai arrêté					
5	Je ne néglige pas les conditions matérielles (espace, taille de la salle, disposition des lieux, propreté…)					
6	Je sais distinguer les points qui n'intéressent pas tous les participants :					
7	Je renonce à traiter tel point si je pense qu'il peut compromettre le déroulement de la réunion ou si j'estime que je ne l'ai pas suffisamment préparé					
8	Je distingue ce qui relève de la compétence de la réunion et ce qui peut être traité de façon bilatérale avec un collaborateur					
9	Je détermine la contribution que j'attends de chacun des participants					
10	Je consacre à la préparation de la réunion un temps au moins égal à la durée annoncée					

Autodiagnostic de la conduite de réunion

Les trois questionnaires d'autoévaluation ci-dessous concernent le déroulement de la réunion. Ils visent à attirer l'attention sur les principales précautions à respecter pour réussir la réunion.

Ouvrir la réunion

Le climat de la réunion, la production qui va en découler, la qualité des échanges reposent sur les premiers instants. Beaucoup de soin doit être apporté à cette phase.

		Toujours	Le plus souvent	Parfois	Jamais	Pas concerné
1	Je pense à présenter les participants qui ne se connaîtraient pas					
2	Je rappelle l'ordre du jour et si nécessaire je justifie son organisation					
3	Je précise la contribution que j'attends de chacun					
4	Je situe la place de la réunion dans le déroulement d'une action ou d'un projet					
5	Je rappelle l'enjeu de la réunion					
6	Je détaille les règles de fonctionnement de la réunion (méthode, durée, gestion du temps de parole…)					
7	Je m'assure de la réception des documents préparatoires					
8	Je fais l'inventaire des questions diverses (choix, ordre, sélection et arbitrage)					
9	Je désigne un secrétariat de séance et je répartis les rôles					
10	Je fais valider le relevé de décisions de la réunion précédente					

La réunion comme instance de communication

L'animateur mobilise plusieurs fonctions pendant la réunion : fonction de dynamisation du groupe, de synthèse des interventions, de facilitation, de régulation entre les personnes. Selon les circonstances et le type de réunion, ces fonctions prennent plus ou moins d'importance. Le respect des règles fondamentales de la conduite de réunion favorise l'équilibre entre la réalisation des objectifs et le maintien d'un climat de travail positif.

Pour progresser dans la conduite des réunions, il est bon de s'interroger sur chacune de ses prestations.

		Toujours	Le plus souvent	Parfois	Jamais	Pas concerné
1	Si je propose un tour de table, j'évite qu'il n'évolue en débat ou en confidences					
2	Je veille au temps de parole de chacun des participants					
3	Si je dois interrompre un participant, je respecte les règles de courtoisie					
4	Je fais une synthèse régulière des interventions					
5	Je sollicite la parole de ceux qui ne s'expriment pas					
6	Je sais déjouer les interventions parasites					
7	Je fais attention à ne pas mélanger mon rôle de président et de participant					
8	Je sais faire face à l'agressivité					
9	Je sais contrôler mon affectivité et je montre le même respect à chaque participant					
10	Je m'applique à moi-même les règles de la conduite de réunion					

Conduire une réunion : le poids de la méthode

Une réunion a toutes les chances d'être réussie si le responsable ou l'animateur se dote de méthodes d'organisation du travail en groupe, de techniques pour faciliter l'expression de tous, d'attitudes positives vis-à-vis des conflits et des représentations des participants.

		Toujours	Le plus souvent	Parfois	Jamais	Pas concerné
1	J'utilise les méthodes de résolution de problèmes					
2	Je sais aider le groupe à bien poser les problèmes					
3	Je connais les mécanismes de la prise de décision					
4	Je sais utiliser des moyens techniques pour rendre une réunion plus vivante					
5	Je sais faire évoluer la méthode de travail si je constate des blocages					
6	Je cherche à faire cheminer le groupe par la prise de conscience des contraintes plutôt que d'énoncer une solution					
7	Je ne mets pas un groupe en difficulté en cherchant à lui faire réaliser ce qu'il ne sait pas faire					
8	Je ne favorise pas certains participants en raison de leur statut					
9	Je sais réagir à bon escient devant les situations imprévues					
10	Je sais terminer une réunion (rappel des décisions majeures, annonce de la réunion suivante, remerciements des participants pour leur contribution…)					

La réunion, et après...

Une réunion est un événement ordinaire dans la vie d'un responsable. C'est un des instruments de travail des cadres et des responsables. C'est aussi un vecteur de motivation. Le caractère technique ou décisionnaire ne doit pas faire oublier ses dimensions affectives et sociales. Cela doit être un point de vigilance important pour le manager débutant.

		Toujours	Le plus souvent	Parfois	Jamais	Pas concerné
1	Après chaque réunion, je fais un retour sur mon animation (points forts /points faibles, événements…)					
2	Je fais en sorte que chacune de mes réunions en interne contribue à développer les compétences de mes collaborateurs					
3	Je rédige et je diffuse rapidement le compte rendu					
4	J'exploite les résultats de la réunion					
5	Je considère que chacune de mes réunions caractérise mon management ; j'en tire les conclusions qui s'imposent					
6	Je demande, à intervalle régulier, à un collaborateur, d'évaluer ma pratique de réunion					
7	Je considère que chaque réunion conduite me donne des éléments pour diriger la suivante					
8	Je pense demander à un collaborateur peu impliqué dans la thématique d'animer une prochaine réunion afin que je puisse participer pleinement					
9	Je distingue mon statut de manager et le rôle d'animateur					
10	Je suis satisfait de la dernière réunion					

Chaque réunion est l'occasion pour le responsable de mieux connaître ses collaborateurs et leurs besoins. La réunion devient une dynamique qui nourrit le management. Quand la conduite de réunion est adaptée au contexte de l'entreprise, les participants adhérent à la démarche du travail de groupe.

Une réunion ne doit pas seulement son succès et son efficacité à la qualité de l'animateur et à sa maîtrise technique mais aussi au degré de préparation et à l'implication des participants. C'est en dirigeant des réunions et en participant activement à des réunions que l'on acquiert les bons réflexes.

ÉPILOGUE

OÙ L'ON REPARLE DE CAROLE, DE MARC ET DES AUTRES...

En prenant ses fonctions dans une organisation, le nouveau manager modifie les équilibres entre les groupes d'acteurs. Parfois, son arrivée précipite les changements en cours. Trop occupé à trouver ses marques dans le nouveau poste, le débutant ne s'aperçoit pas qu'il contribue à l'évolution des relations et des positions des uns et des autres. Le management est médiateur du changement. Réussir sa prise de fonction est de bon augure pour le management à venir. C'est sur ce terrain que le débutant est attendu.

Le management du débutant est influencé par le management de l'organisation. A l'euphorie du recrutement doit succéder une démarche d'élucidation de l'entreprise. Le nouvel embauché a-t-il été retenu dans une logique consumériste d'acquisition d'un nouveau talent ou entrera-t-il dans une logique de production et de valorisation des compétences?

Débuter active le changement

Le débutant est auteur de sa propre évolution. Il apprend des nouvelles situations de travail qu'il découvre. Les compétences nécessaires débordent de ce qui a été appris par la formation initiale. La formation continue n'est sollicitée qu'ultérieurement. Il apprend des autres, avec les autres. Il découvre aussi les mécanismes de ses propres façons d'agir. Le débutant est un apprenti.

La prise de fonction est en elle-même une action de changement. La conduite du changement est le propre du management. Cette dimension est renforcée dès lors que le manager est associé à un projet de changement. Les leviers du changement doivent être repérés dès la prise de fonction. Les indices sur lesquels s'appuie le management se caractérisent par la place importante de plusieurs formes de communication : implication de la direction, participation active des salariés, densité de la communication interne, actions de formation. Manager revient à conduire le changement. La communication est au cœur de l'activité de management.

Orienter la boussole du management

Quel manager voulez-vous être? Le management n'est pas une science exacte. Des panoplies d'outils et d'accessoires s'offrent au débutant. Les cent premiers jours sonnent comme une initiation. Accéder à de nouvelles fonctions procède de l'adoubement : la reconnaissance découle des épreuves subies. Le débutant affronte de nombreuses difficultés tant professionnelles que personnelles.

Les cent jours du débutant permettent l'apprentissage de la navigation dans les nouvelles fonctions. La capacité à réaliser des diagnostics est primordiale. L'observation est inopérante si elle se satisfait d'impressions et d'annotations. Elles doivent être reliées et analysées à l'aide de démarches et de méthodes éprouvées. Le cadre nouvellement recruté doit être en mesure de construire dès la première année de travail son propre référentiel de l'entreprise. Ce dernier sera naturellement plus précis et plus élaboré si une formation ou un dispositif d'accompagnement est proposé par la direction des ressources humaines.

L'entreprise soucieuse de l'insertion de ses nouveaux cadres sait organiser un suivi de type coaching qui permet d'échanger les expériences et de compléter les informations sur la stratégie. C'est la consolidation du sentiment d'appartenance qui est visée. Les démarches d'accueil et d'insertion des nouveaux embauchés en disent long sur le désir des organisations d'individualiser le management.

Les points cardinaux sur lesquels il est déterminant de porter l'attention activent la communication. Ils sont interdépendants mais ne constituent pas une structure hiérarchisée. Ils appellent quatre compétences qu'il est nécessaire de mobiliser pour réussir l'intégration et l'inscrire dans la durée :

- Rechercher la compréhension des processus décisionnels et des modalités d'échange qui constituent le sens de l'action de l'entreprise et identifier le potentiel des acteurs de l'équipe. Accorder de l'attention au savoir-faire relationnel des collaborateurs, adhésion aux modèles professionnels dominants ;
- Identifier toutes les confrontations qui s'opèrent dans l'action ; c'est l'observation de tous les actes sociaux de la vie de l'organisation qui permet de dessiner la carte des relations. Ne pas négliger les chocs et les ruptures pas toujours visibles au premier abord : tensions entre acteurs, écarts dans les représentations ;
- Repérer les circuits de circulation de l'information et de la communication en considérant leurs liens avec le management. La communication interne est inefficace si elle n'est pas réalisée en cohérence avec le management ;
- Apprécier le degré de cohésion de l'organisation selon plusieurs critères comme l'autonomie des salariés, les modes de délégation, la gestion des carrières. L'esprit maison ou le climat relationnel témoignent.

Souriez, on vous observe !

A ses multiples expertises, le manager d'aujourd'hui doit ajouter de nouvelles compétences. Le travail mobilise toutes les capacités de la personne alors que la plupart des entreprises ne sollicitent que le mental des salariés. C'est donc à chacun de faire entendre sa petite musique.

© Éditions d'Organisation

La relation au travail et à l'entreprise s'exprime aussi par l'affectif, par l'intuition empirique et par le corps. Ce sont tous les canaux de communication et de comportement qu'il faut solliciter. Le management est une activité transactionnelle. Un responsable ne peut mobiliser toutes les dimensions de ses collaborateurs que s'il est en mesure d'utiliser ses propres ressources. Le manager se donne à voir par son comportement. La motivation et l'adhésion des collaborateurs découlent de ses attitudes et réactions dans les différents moments de la vie professionnelle.

Que Carole ou Marc ignorent trop longtemps les réactions affectives devant certains faits, les messages de leur intuition ou les résistances du corps et voilà que viennent en boomerang le temps des conflits interpersonnels, le stress qui entame l'estime de soi et les maux psychosomatiques. Débutants appliqués et rigoureux, Carole et Marc doivent aussi séduire. Il faut en effet qu'ils sachent plaire à leurs collaborateurs comme à leur hiérarchie. Sans perdre leur âme.

Six comportements font perdre tout crédit à un débutant, instantanément, sans que l'état de grâce des cent jours ne permette de compenser les gaffes :

- Le manager absolu ne délègue pas, aime le secret et répugne à la communication. Son échec est programmé ;
- Le courtisan intrigant se remarque par ses brusques changements d'opinion surtout en présence de ses supérieurs. Il croit à son destin. Il se condamne à la solitude ;
- Le falot suscite des interrogations sur les motifs de son recrutement. Il craint d'agir. Il ne cherche pas à communiquer. Il se sait condamné à l'issue de la période d'essai ;
- Le calculateur manœuvre pour cultiver son image. Réussir est un objectif personnel. Son comportement attire l'attention et lui fait perdre tout crédit ;
- L'écorché demande à toute la communauté de travail de partager ses angoisses. Il se perd dans de longues et lassantes arguties. Il ne mobilise pas les énergies. Il démobilise et décourage ;
- Le marginal a toujours la tête ailleurs. Il est curieux de tout mais peu intéressé par ses missions. Il pense qu'il peut réussir dans son poste sans trop d'effort.

Carole et Marc connaissent désormais les arcanes du management. Le manager idéal est pure fiction. Le manager efficace doit savoir improviser une conduite quand les circonstances l'imposent. Il sait changer de style pour faire face à chaque situation.

Moteur. Action.